AF747029

MATEMÁTICAS
100 CONCEPTOS

MATEMÁTICAS

100 CONCEPTOS

MARIANNE FREIBERGER
Y RACHEL THOMAS

Librero

Título original: *Math Squared. 100 Concepts You Should Know*

© 2025 Librero b.v. (edición española)
www.librero.nl

© 2016 Quantum Books Limited

Dirección editorial: Kerry Enzor
Concepto editorial y diseño: Pikaia Imaging
Edición: Anna Southgate
Diseño: Dave Jones
Ilustraciones: Tim Brown
Dirección de producción: Zarni Win

Producción de la edición española:
Traducción: Montserrat Ribas para Delivering iBooks & Design
Redacción y maquetación: Delivering iBooks & Design, Barcelona

Distribución exclusiva de la edición española: Librero IBP S. L.
C/ Paseo de los Olmos, n.° 20
Planta 1.ª, Oficina 7
28005 Madrid, España
www.librero-ibp.es

Impreso en China.

ISBN: 978-90-8998-779-2

Todos los derechos reservados. Ninguna parte de esta obra se puede reproducir, almacenar o transmitir de forma o por medio alguno, sea este electrónico, mecánico, por fotocopia, grabación o cualquier otro, sin la previa autorización escrita de los titulares de los derechos.

Se han realizado todos los esfuerzos posibles para garantizar que la información recogida en este libro sea correcta. En caso de error u omisión al consignar los derechos de autor de las imágenes incluidas en la obra, Librero b.v. pide disculpas y se compromete a enmendar la información en futuras ediciones del libro.

FSC
www.fsc.org
MIXTO
Papel | Apoyando la silvicultura responsable
FSC® C016973

Índice

Introducción

De un modo u otro, el ser humano ha aplicado las matemáticas desde los albores de la civilización: desde repartir el botín de caza hasta contar a sus hijos o construir refugios para vivir. Al igual que otros animales inteligentes, todos nacemos con una comprensión innata por los números y las formas que es vital para nuestra supervivencia.

Con el paso de los milenios, las matemáticas han evolucionado hasta convertirse en mucho más que una herramienta. En la actualidad, es el lenguaje de las ciencias. Mueven nuestro mundo digital y nos permiten crear juegos de ordenador e imágenes cinematográficas de un realismo asombroso. Nos llevan al espacio y nos permiten desarrollar sofisticados equipos médicos. Siempre que tenemos que evaluar algo de forma crítica, ya sea la eficacia de un fármaco o los efectos de una política pública, recurrimos a las matemáticas. El motivo por el cual resultan tan eficaces a la hora de explicar y comprender el mundo en el que vivimos es un misterio. Pero lo cierto es que, siempre que intentamos describir o investigar mecanismos y formas, ya sean visuales, físicos o mentales, tendemos a aplicar conceptos matemáticos, a menudo incluso sin darnos cuenta.

Pero esto es solo la mitad de la historia. Las matemáticas, por derecho propio, son un lenguaje de inmensa belleza. Igual que una pieza musical, giran alrededor de los ritmos de la lógica para tejer sus propias estructuras hipnóticas.

A muchos matemáticos les fascina simplemente esta belleza, y prestan poca atención a las aplicaciones que pudieran tener

Toda una belleza: el hecatonicosacoron es un análogo del dodecaedro en cuatro dimensiones. Como es cuatridimensional, no podemos visualizarlo. Esta imagen muestra una proyección del mismo en un espacio tridimensional.

sus descubrimientos. A diferencia de la creencia popular, las matemáticas son un campo dinámico, siempre cambiante, donde todavía queda mucho por descubrir.

En este libro le presentamos 100 conceptos que creemos que le gustará conocer: algunos porque resultan útiles y otros porque son interesantes, hermosos o simplemente curiosos. Nuestro viaje le llevará de los elementos básicos de las matemáticas como son los números y las formas a unas geometrías traicioneras, las altas esferas de la lógica y los vastos espacios del infinito. Un menú degustación, por así decirlo, compuesto por los mejores ingredientes y combinaciones que las matemáticas pueden ofrecer.

Cada uno de los diez capítulos es una introducción a un concepto matemático desglosado en otros diez breves pero sabrosos bocados. El primer tema es fácil de digerir y probablemente ya lo conozca, como los simples triángulos. Los últimos temas de cada capítulo están hechos para saborearlos despacio, con un resultado o un hecho importante que ilustran los límites del conocimiento matemático. Esto incluye problemas famosos por resolver, algunos de los cuales tienen en jaque a los matemáticos desde hace siglos; pruebas importantes, como la que Grigori Perelman aportó en 2003 sobre la conjetura de Poincaré; y teorías matemáticas, como la teoría general de la relatividad de Einstein.

Puede estar seguro de que cada uno de estos bocados se puede digerir en unos pocos minutos. Nuestro objetivo es animar al lector a que aprecie la disciplina que nosotras tenemos la suerte de disfrutar todos los días, y esperamos que estos sabrosos bocados le abran el apetito para investigar y explorar más a fondo el mundo de las matemáticas. *¡Que aproveche!*

Entre los temas que trata este libro se incluyen los siguientes (de izquierda a derecha y de arriba abajo): papel pintado de motivos geométricos, axiomas de Peano, cardinalidad; hipérbolas, geometría hiperbólica, el efecto mariposa, aleatoriedad, sistemas axiomáticos y π (*pi*).

1 NÚMEROS

Cuando pensamos en matemáticas, lo primero que nos viene a la mente son los números. La mayoría de nosotros aprendemos los números de contar (uno, dos, tres...) en los primeros años de nuestra vida. Nuestro primer contacto con las matemáticas llega cuando aprendemos a sumar, restar, multiplicar y dividir estos números.

En este capítulo daremos un paseo por la línea numérica. Descubriremos cómo el número cero, que hoy día damos por sentado, es un invento relativamente reciente. Aprenderemos que nuestra forma de escribir los números, tan conocida que casi no le prestamos atención, es de hecho muy ingeniosa. Descubriremos cómo las potencias nos facilitan escribir y calcular con números muy grandes y muy pequeños.

El capítulo también incluye una clase muy especial de números de contar: los números primos, que solo son divisibles por sí mismos y por el número 1.

En cierto modo, los números primos son como el ADN de todos los demás números. Así, no resulta sorprendente que los matemáticos los adoren. Siempre andan a la búsqueda de números primos más y más grandes que nadie ha descubierto antes, y pasan mucho tiempo intentando comprender cómo encajarlos con el resto de los números. Algunos de los problemas más difíciles que siguen sin solución están relacionados con los números primos; en estas páginas trataremos dos de ellos.

Pero este capítulo no se limita a los números de contar, sino que también comprende fracciones, números negativos, números irracionales, números complejos y algunos más. Los examinaremos a medida que nos los vayamos encontrando en los distintos temas tratados, y revelaremos cómo cada uno de ellos esconde sus propios mecanismos y estructuras.

Contenido

1.1 La línea numérica

Los números naturales han estado presentes desde que el ser humano empezó a contar, pero el cero es una incorporación relativamente reciente.

Los niños conocen los números de contar (1, 2, 3, 4...) con la misma naturalidad con la que lo hicieron los primeros seres humanos, por ello se denominan **números naturales**. Existen infinitos números naturales, porque siempre se puede añadir uno más. Resulta conveniente pensar en ellos como una línea numérica, una regla que va más allá del horizonte y continúa hacia el infinito.

Pero, ¿qué pasa con el cero? Esta cifra es una incorporación relativamente reciente. Aunque las personas empezaron a escribir números hace miles de años, parece que no fue hasta el siglo VII cuando los matemáticos de India empezaron a tratar el cero como un número con entidad propia. Al igual que los otros símbolos numéricos que usamos, el símbolo del cero («0») tiene su origen en India.

Hoy día estamos acostumbrados a tratar el cero como un número normal. Igual que cualquier otro, el 0 puede ser el resultado de un cálculo. Si tiene 100 € en su cuenta bancaria y retira 100 €, el saldo será 100 – 100 = 0.

Si retira 120 €, entrará en el mundo de los números negativos. Si junta estos números negativos (además del 0) a la línea numérica, obtendrá una regla que se extiende hasta el infinito en ambas direcciones. La aritmética se convierte entonces en un ejercicio de moverse arriba y abajo por esta línea.

Algunas culturas solo tienen palabras para los primeros números naturales, todos los demás reciben el nombre de «muchos».

Cálculo de números negativos

Al sumar:

$$a + (-b) = a - b$$

lo que significa que

$$4 + (-2) = 4 - 2$$

Al restar:

$$a - (-b) = a + b$$

lo que significa que

$$4 - (-2) = 4 + 2$$

Al multiplicar:

$$a \times (-b) = (-a) \times b = -(a \times b)$$

lo que significa que

$$4 \times (-2) = (-4) \times 2 = -(4 \times 2)$$

Al multiplicar números negativos:

$$(-a) \times (-b) = a \times b$$

lo que significa que

$$(-4) \times (-2) = 4 \times 2$$

El hueso de Ishango es la prueba más antigua de que los seres humanos empleaban muescas como marcas para contar. Tiene unos 20 000 años de antigüedad.

Todos podemos realizar aritmética simple trabajando con números positivos. Los problemas empiezan cuando hay que emplear los números negativos. La tarea resulta más fácil si recuerda unas sencillas reglas.

1.2 Sistema de numeración posicional

La forma de escribir los números es ingeniosa.

Nos hemos acostumbrado tanto a la forma en que empleamos los números naturales, que apenas separamos el número del símbolo que utilizamos para expresarlo. Por esto es fácil no percatarse de lo ingenioso que es nuestro sistema numérico.

Tomemos como ejemplo el número 423. El símbolo 4 no representa solo el número cuatro, sino que en este caso significa cuatrocientos. El símbolo 2 corresponde al veinte. Solo el símbolo 3 representa el propio número 3. Escribir 423 es una simplificación de:

$(4 \times 100) + (2 \times 10) + (3 \times 1)$.

El significado de un símbolo depende de su posición en la línea numérica. Así pues, leyendo desde la derecha, el primer dígito cuenta las unidades (múltiplos de uno) que hay; el segundo dígito cuenta hasta diez; el tercero hasta cien, y así sucesivamente. Cada vez que mueve un dígito hacia la izquierda, multiplica el tamaño de los números que cuenta por diez. La idea es ingeniosa, porque nos permite escribir números grandes de un modo breve, sin tener que inventar nuevos símbolos.

Nuestro sistema de numeración posicional se llama **sistema decimal** porque se basa en el número diez. Pero podría estar basado en cualquier otro número; por ejemplo, la información digital se basa en el número dos y solo emplea ceros y unos.

Los babilonios inventaron el sistema posicional, pero el suyo se basaba en el número 60 en lugar del 10.

Números babilónicos

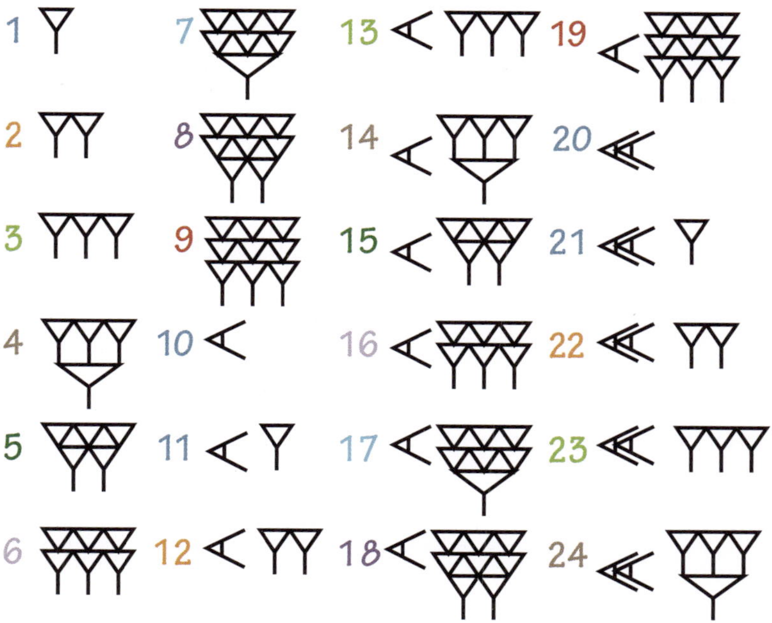

Estos son algunos de los números empleados por un pueblo al que llamamos de forma genérica babilónico. A diferencia del nuestro, su sistema se basaba en el número 60.

1.3 Potencias

Las matemáticas son un lenguaje muy eficiente. Trabajar con potencias no solo abrevia la operación matemática sino que hace que los cálculos resulten más fáciles.

Podemos escribir 2 × 2 como 2^2,

2 × 2 × 2 como 2^3, y

2 × 2 × 2 × 2 × 2 × 2 × 2 × 2 × 2 × 2 × 2 × 2 × 2 × 2 × 2 × 2 × 2 × 2 × 2 × 2 × 2 × 2 × 2 × 2 × 2 × 2 × 2 × 2 × 2 × 2 × 2 × 2 × 2 × 2 × 2 × 2 × 2 × 2 × 2 × 2 × 2 × 2 × 2 × 2 × 2 × 2 × 2 × 2 × 2 × 2 como 2^{50}.

Decimos que elevamos el número 2 a la **potencia** de 50. El 2 sería la base y el 50 el exponente. De este modo no solo resulta más eficiente que escribir toda la multiplicación, sino que es más breve que escribir el valor real del número resultante:

2^{50} = 1,125,899,906,842,624.

Trabajar con potencias puede facilitar los cálculos largos. Calcular mentalmente la respuesta de 8 388 608 x 134 217 728 sería imposible, y con lápiz y papel llevaría mucho tiempo. Pero calcular la respuesta de $2^{23} \times 2^{27}$ es simple gracias a las reglas de las potencias. Si multiplica un número elevado a una potencia por el mismo número elevado a otra potencia, simplemente suma los exponentes:

$2^{23} \times 2^{27} = 2^{23+27} = 2^{50}$.

Las potencias también simplifican la división: $2^a/2^b = 2^{a-b}$ y el cálculo con exponentes: $(2^a)^b = 2^{a \times b}$. Incluso puede elevar un número a una potencia negativa: $2^{-a} = 2^0 \times 2^{-a} = 1/2^a$.

27

Intente calcular 1024^5. Una vez se da cuenta de que $1024 = 2^{10}$, las cosas se vuelven más fáciles: $(2^{10})^5 = 2^{10 \times 5} = 2^{50}$.

Cálculo de potencias

$$x^a \times x^b = x^{a+b}$$

lo que significa que

$$2^3 \times 2^4 = 2^{(3+4)} = 2^7$$

$$(x^a)^b = x^{ab}$$

lo que significa que

$$(2^3)^4 = 2^{3\times4} = 2^{12}$$

$$x^{-a} = \frac{1}{x^a}$$

lo que significa que

$$2^{-3} = \frac{1}{2^3} = \frac{1}{8}$$

$$\frac{x^a}{x^b} = x^{a-b}$$

lo que significa que

$$\frac{2^4}{2^3} = 2^{4-3} = 2$$

Estas son las reglas para trabajar con potencias. De arriba abajo: multiplicación, elevación a otra potencia y división.

1.4 Notación científica

La elevación de un número a la potencia de otro permite calcular con rapidez sumas muy grandes y expresar números enormes (o minúsculos) con solo unos pocos dígitos.

El navegador de internet Google recibió su nombre (excepto por una variación ortográfica) por un número. En 1929, el matemático estadounidense Edward Kasner definió un **gúgol** (*googol* en inglés) como un 1 seguido de 100 ceros. Pero en lugar de escribirlo entero, con 101 dígitos en total, el número puede expresarse de modo más fácil como 10^{100} (*véase* el Tema 1.3).

Cada vez que se multiplica un número por diez, el número resultante es el original con un 0 añadido al final:

$1 \times 10 = 10$,
$1 \times 10^2 = 1 \times 100 = 100$.

Así, si quiere poner por escrito un número muy grande, puede usar esta **notación científica** como si fuera taquigrafía:

$1 \times 10^n = 1$ seguido por n ceros.

Por ejemplo, la velocidad de la luz es de aproximadamente 300 000 000 metros por segundo, que en notación científica sería 3×10^8 metros por segundo. Así resulta mucho más sucinto.

También puede usar la misma notación para expresar números muy pequeños con exponentes negativos (*véase* la pág. 21). Puede escribir 1/10 como 10^{-1}, 1/100 como 10^{-2}, y así sucesivamente.

En una calculadora, 3×10^8 puede aparecer como 3 *e* 8 o 3 *EX* 8.

Partículas diminutas

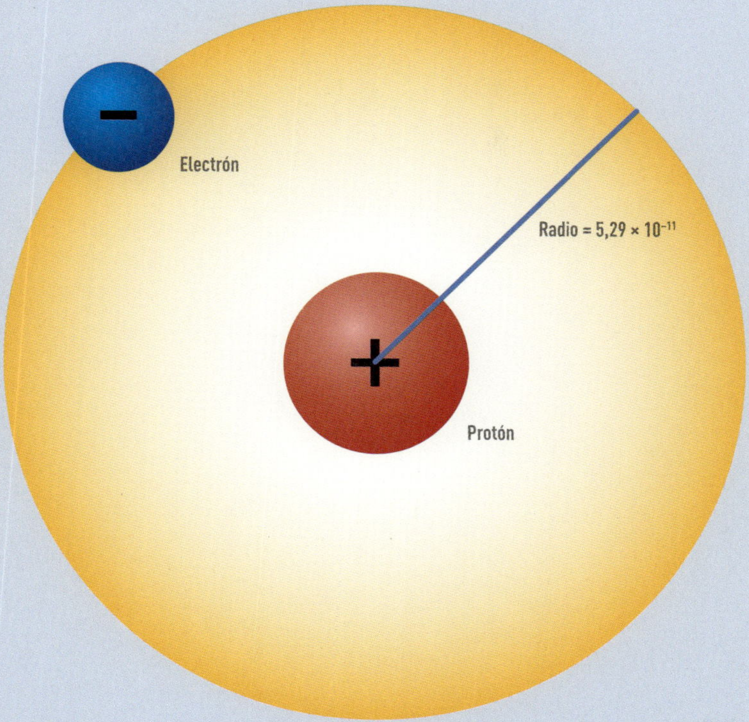

Un número muy pequeño, como el radio de un átomo de hidrógeno (arriba), puede escribirse simplemente como $5,29 \times 10^{-11}$ metros en lugar de 0,0000000000529 metros.

1.5 Números primos

Los números primos son el ADN de los números naturales.

Algunos números son fácilmente divisibles. Por ejemplo, el número 4 es igual a 2 x 2. Doce es igual a 2 x 6 o 3 x 4. Pero no todos los números son tan dóciles.

Intente escribir el número 3 como producto de otros dos números enteros, y la única posibilidad es 1 x 3. Lo mismo pasa con el 5 (1 x 5) y el 7 (1 x 7). Estos son ejemplos de **números primos**: los que solo se pueden dividir por el número uno y por sí mismos. En la tabla de la página 23 encontrará todos los números primos menores de 100.

Los números primos son los equivalentes matemáticos de los átomos: cualquiera de los otros números enteros es una combinación de números primos. Por ejemplo:

$24 = 2 \times 2 \times 2 \times 3.$

En este ejemplo, todos los factores son números primos y no se pueden dividir más. Los cuatro primeros (tres 2 y un 3) son, en cierto sentido, el ADN que identifica de forma única al número 24.

Todos los números pueden escribirse de un modo similar, como producto de números primos. Este resultado se denomina «teorema fundamental de la aritmética» y lo demostró por primera vez hacia el año 300 a. C. el matemático de la Grecia antigua Euclides de Alejandría. Euclides también demostró que existen infinitos números primos, pero ¿los encontraremos todos alguna vez? (*véase* el Tema 1.6).

Todo número primo es o uno más o uno menos que un múltiplo de seis.

Números primos

1	2	3	4	5	6	7	8	9	10
11	12	13	14	15	16	17	18	19	20
21	22	23	24	25	26	27	28	29	30
31	32	33	34	35	36	37	38	39	40
41	42	43	44	45	46	47	48	49	50
51	52	53	54	55	56	57	58	59	60
61	62	63	64	65	66	67	68	69	70
71	72	73	74	75	76	77	78	79	80
81	82	83	84	85	86	87	88	89	90
91	92	93	94	95	96	97	98	99	100

Esta tabla de los números 1 a 100 muestra los números primos y los factores más bajos de los números que no son primos.

Números primos	
Múltiplos de 2	Múltiplos de 3
Múltiplos de 5	Múltiplos de 7

1.6 Números primos grandes

La búsqueda de números primos cada vez más grandes se ha convertido en un popular pasatiempo matemático.

Podemos saber con certeza que existen infinitos números primos, pero por desgracia no hay una forma fácil de encontrarlos todos. Esto contrasta mucho con los números pares, por ejemplo, puesto que también hay una cantidad infinita de ellos pero son fáciles de reconocer por el hecho de que terminan en 0, 2, 4, 6 u 8.

No existe un truco similar para los números primos: comprobar si un número determinado es o no primo puede precisar una gran cantidad de potencia de cálculo. Por esto el descubrimiento de un número primo desconocido hasta entonces causa siempre un gran revuelo en el mundo matemático.

Los candidatos especiales a ser primos son los **números de Mersenne**. Se trata de números que se pueden escribir como $2^n - 1$, siendo el exponente algún número natural *n*. He aquí dos ejemplos:

$3 = 2^2 - 1$ y $7 = 2^3 - 1$.

Los métodos matemáticos para comprobar si un número de Mersenne también es primo son más rápidos que los de comprobar otros números, motivo por el cual los buscadores de números primos tienden a centrarse en ellos.

De hecho, los últimos pocos números primos descubiertos fueron todos números de Mersenne. A fecha de agosto de 2015, el número primo más grande conocido era $2^{57\,885\,161} - 1$. No lo escribimos entero porque tiene más de 17 millones de dígitos.

Si quiere colaborar en su búsqueda, puede participar en el proyecto Gran Búsqueda de Números Primos de Mersenne (GIMPS) en www.mersenne.org.

Los números primos más grandes

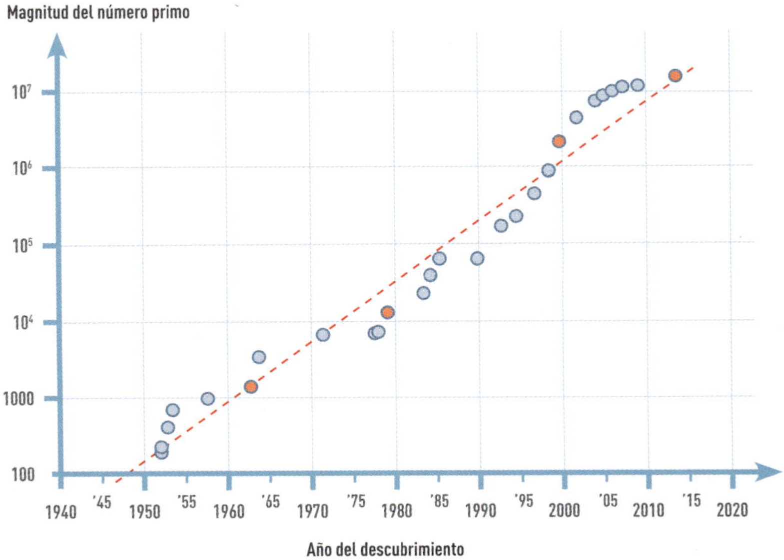

- **1961:** descubrimiento del primer número primo titánico (más de 1000 dígitos). Tiene 1332 dígitos.
- **1979:** descubrimiento del primer número primo gigante (más de 10 000 dígitos). Tiene 13 395 dígitos.
- **1999:** descubrimiento del primer megaprimo (más de 1 000 000 de dígitos). Tiene 2 098 960 dígitos.
- **2013:** descubrimiento del número primo más grande que se conoce, nada menos que de 17 425 170 dígitos.

Esta gráfica muestra cómo la cantidad de dígitos del número primo hallado se ha ido incrementando con el tiempo.

1.7 Criptografía

Hacemos uso de la criptografía cuando compramos algo por internet, accedemos a una página web segura o protegemos un archivo.

Internet depende de un tipo de criptografía llamado **sistema criptográfico con clave pública** RSA, llamado así por Ronald Rivest, Adi Shamir y Leonard Adleman, que lo inventaron en 1977.

El sistema permite que cualquier persona que desee recibir mensajes seguros (un empleado de banca electrónica, por ejemplo) anuncie una clave pública. Imagine que esta clave pública es un candado abierto en espera de ser cerrado, colocado en una caja que contenga cualquier mensaje que usted quiera enviar al banco. El mensaje se conserva seguro y solo puede abrirse con la clave privada para ese candado, que el banco nunca ha tenido que compartir.

El sistema no funcionaría si cualquiera pudiera calcular con rapidez cuál es la clave privada para la clave pública. Pero las matemáticas subyacentes en el sistema RSA garantizan que la única forma de hacerlo es conociendo los factores de un número grande, N, que componen la clave pública.

El número N que emplea actualmente el sistema RSA de navegadores de internet y teléfonos tiene más de 617 dígitos.

Aunque multiplicar dos números es relativamente fácil, encontrar los factores de un número puede resultar muy difícil. En especial, no existen métodos eficaces para descubrir los factores de un número que es producto de números primos muy grandes. Es por ello que el sistema RSA emplea como número N el producto de números primos grandes.

Sistema RSA

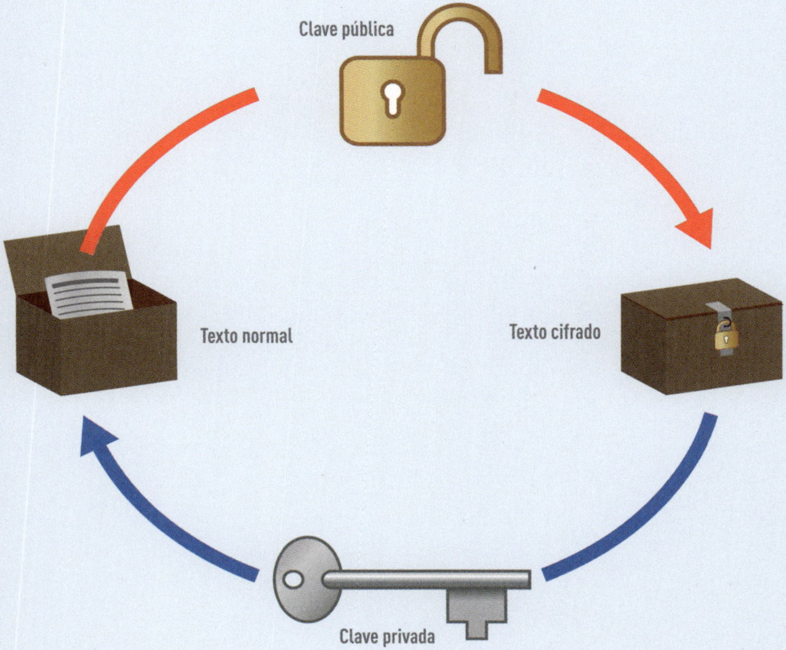

El candado abierto y la clave, en el caso del sistema RSA, consisten en tres números. Usted cierra su mensaje con una clave pública y el destinatario tiene que usar una clave privada para descifrar el código.

1.8 Números racionales e irracionales

Los números racionales, que son los que pueden representarse mediante una fracción de números enteros, forman parte de las matemáticas desde hace varios milenios.

A los antiguos griegos, en especial a los seguidores de Pitágoras, les encantaban los **números racionales**. Creían que todos los números eran racionales (los números enteros eran simplemente fracciones con el 1 como dividendo más bajo: $1 = 1/1$, $2 = 2/1$, $3 = 3/1$, . . .).

Les parecía que los números racionales podrían explicar el universo entero. Un ejemplo de ello procede del campo musical: si se tocan dos notas en un instrumento de cuerda, en el que la longitud de una de las cuerdas que toca la primera nota se puede representar como una simple fracción de la longitud de la cuerda que toca la segunda nota, ambas notas juntas producirán un sonido armonioso. Si tomamos el intervalo más básico de la música, la octava (las dos primeras notas de la canción *Somewhere Over the Rainbow*), veremos que se crea cuando la longitud de una cuerda es la mitad de la otra.

Imagínese el horror que sintieron los griegos cuando descubrieron que no todos los números pueden representarse como fracciones o números enteros. Estos son los **números irracionales**. Uno de los primeros que se descubrieron fue $\sqrt{2}$ (la raíz cuadrada de 2): la longitud de la diagonal de un cuadrado cuyos lados tienen un largo de 1. Según cuenta la leyenda, cuando el matemático griego Hípaso de Metaponto descubrió que este número era irracional, sus compañeros matemáticos le condenaron a morir ahogado en el mar.

Los números racionales, junto con los irracionales, conforman los números reales.

Expansión decimal

Números racionales — Números irracionales

$$\frac{1}{4} = 0{,}25$$

$$\frac{1}{3} = 0{,}3333333333333\ldots$$

$$\frac{1}{7} = 0{,}142857142857142857\ldots$$

$$\sqrt{2} = 1{,}41421356237309 5\ldots$$

$$\pi = 3{,}14159265358979 3\ldots$$

$$e = 2{,}718281828459045$$

La expansión decimal de los números racionales o bien resulta en un número finito de dígitos o termina con un patrón repetitivo. Por el contrario, la expansión decimal de los números irracionales resulta en dígitos que nunca terminan y que nunca se repiten.

1.9 Números complejos

Los números complejos nacieron de lo imposible, pero han demostrado tener una utilidad extraordinaria.

¿Existe la raíz cuadrada de −1? La respuesta parece clara: no, no existe. Tanto si el número es positivo como negativo, al multiplicarlo por sí mismo siempre resultaría en una respuesta positiva, que no es el caso de −1.

De todos modos, en el siglo XVI los matemáticos decidieron hacer ver que sí existe la raíz cuadrada de −1 (ahora llamada **número imaginario** y representada por el símbolo *i*). La razón de esta invención reside en el hecho de que, para encontrar la solución a una ecuación, a veces hay que echar mano de la raíz cuadrada de un número negativo. Si simula que este extraño número existe y prosigue con sus cálculos, el resultado puede ser un número real, que será también la solución a su ecuación.

Con el número *i* se pueden construir **números complejos**. Se expresan como $a + ib$, donde a y b son números reales. Ejemplos son $1 + 2i$ y $3 + 5i$. Existen reglas para la aritmética que emplea números complejos (*véase* la pág. 31), así que forman un sistema numérico perfectamente coherente.

Fuera del campo de las matemáticas, los números complejos resultan útiles cuando la mejor forma de describir algo es por pares. Por ejemplo, en electrónica la corriente y el voltaje son más complicados que unos números simples, así que sus características se expresan mejor cuando se representan como números complejos.

La raíz cuadrada de un número *n* es el número que, cuando se multiplica por sí mismo, da *n*.

Diagrama de Argand

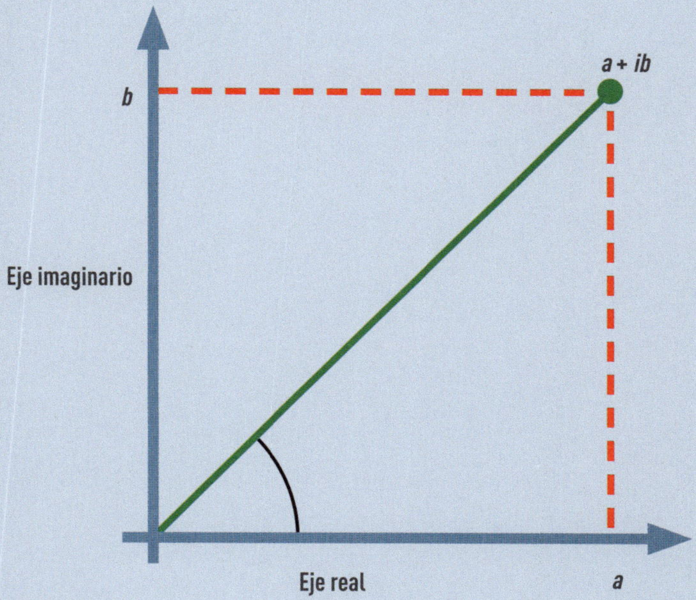

$$(a + ib) + (c + id) = (a + c) + i(b + d)$$

$$(a + ib) \times (c + id) = (ac - bd) + i(bc + ad)$$

Los números complejos tienen una interpretación geométrica. El número complejo a + *i*b (mostrado arriba con el punto verde) corresponde a un punto de las coordenadas *(a, b)* de un sistema cartesiano de coordenadas (*véase* el Tema 3.2).

1.10 Problemas sin resolver

Muchas de las cuestiones no resueltas de la teoría de los números son fáciles de enunciar; cualquiera de nosotros las entendería. Sin embargo, las respuestas a estas preguntas se les han resistido a los matemáticos durante siglos.

En 1742, Christian Goldbach (1690-1764) escribió una carta a Leonhard Euler (1707-1783) que contenía lo que llegó a conocerse como la *conjetura de Goldbach*: todo número par mayor de 2 se puede representar como la suma de dos números primos. Por ejemplo:

$4 = 2 + 2$
$6 = 3 + 3$
$8 = 5 + 3.$

Todo matemático cree que esta conjetura es cierta, y ha sido comprobada por ordenador para todos los números pares hasta 4×10^{17}. No obstante, la demostración final sigue resistiéndoseles. En 2013 hubo un gran revuelo cuando un joven matemático brasileño, Harald Helfgott (nacido en 1977), anunció una prueba de lo que se llamó la «conjetura débil de Goldbach»: todo número impar mayor de 5 es la suma de tres números primos. Se llama «débil» por el hecho de que depende de que la conjetura de Goldbach sea verdadera: si sabemos que un número par es la suma de dos números primos, entonces podemos añadir el número primo 3 para conseguir que todos los números impares sean la suma de tres números primos.

Los matemáticos creen que la prueba de Helfgott es correcta. Pero, a pesar de la admirable demostración matemática, no parece que las técnicas que empleó puedan demostrar la conjetura de Goldbach completa.

En un principio, Euler trató la carta de Goldbach con desdén, ¡pensando que este problema todavía no resuelto hoy día era algo trivial!

Números primos gemelos

Números primos

Números primos gemelos

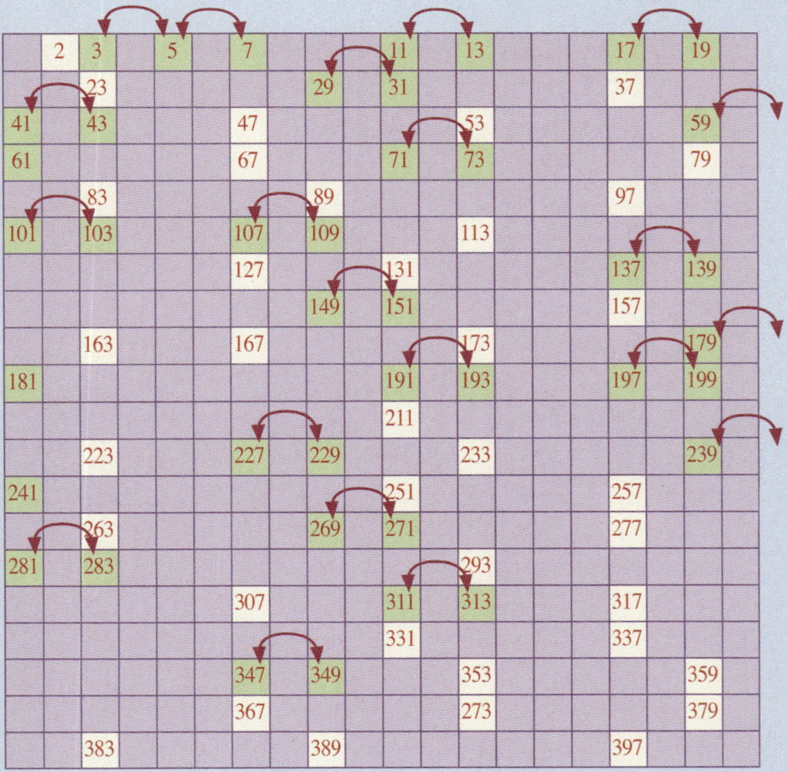

Otra prueba que se nos escapa es la de los números primos gemelos: números primos separados por una distancia de 2. Los matemáticos creen que existen infinitos números primos gemelos, pero hasta el momento nadie ha sido capaz de demostrarlo.

FORMAS

2

Sobre la misma época en que los niños aprenden a contar, también empiezan a dibujar sus primeras formas geométricas: triángulos, cuadrados y círculos. Así pues, no resulta sorprendente que la geometría sea una de las primeras actividades matemáticas por las que se interesó la humanidad. Estas figuras no solo nos llegan de forma natural, sino que también tenemos que entenderlas para poder vivir: por ejemplo, para medir los campos que cultivamos y las casas donde vivimos. El término *geometría* viene de los términos griegos que significan «Tierra» y «medición». De hecho, hoy día seguimos usando las reglas básicas de la geometría tal como fueron concebidas por los eruditos de la Grecia antigua.

En este capítulo exploraremos esas formas ideales que tanto les gustan a los niños en edad escolar y que eran muy del agrado de los antiguos matemáticos.
El círculo nos da uno de los números más famosos de las matemáticas, así como la forma más eficaz de rodear un área.
El humilde triángulo es la piedra

angular de la trigonometría, que explora la relación entre los ángulos y los lados de un triángulo. Y una ingeniosa conexión entre círculos y triángulos nos da una de las funciones más útiles de las matemáticas.

Gracias a las reglas de Euclides para la geometría plana, los triángulos proporcionan una parte esencial de la definición de espacio tal como lo conocemos. Los triángulos también son la clave que precisan los matemáticos para descubrir un nuevo tipo de geometría. Es aquí donde empezamos a aventurarnos por campos que resultan difíciles de imaginar.

Además de examinar las nuevas geometrías, descubriremos formas en apariencia imposibles, averiguaremos por qué las tazas de café y las rosquillas son matemáticamente iguales, y que todos nosotros ya estamos viviendo en dimensiones superiores. Por último, descubriremos cómo todas estas ideas son ingredientes esenciales de una prueba reciente de un famoso problema sin resolver durante siglos.

Contenido

2.1 Triángulos

El triángulo es la primera forma que aprendemos en la escuela. Es engañosamente simple, ya que esconde una gran riqueza física y matemática.

La mayoría de nosotros, cuando nos piden que dibujemos un triángulo, hacemos algo parecido a un **triángulo equilátero**: uno en el que todos los lados tienen la misma longitud y todos los ángulos son iguales.

Los triángulos que vemos en el mundo que nos rodea, ya sea en el puntal de una grúa o en un puente, o la estructura de unos columpios, son casi siempre simétricos, con una mitad idéntica a la otra. Estos son los **triángulos isósceles**: tienen dos lados de la misma longitud y los ángulos opuestos son iguales. En el caso del **triángulo escaleno**, los tres lados tienen una longitud distinta y cada uno de los tres ángulos es de un tamaño diferente.

Los ángulos de un triángulo dibujados sobre un trozo de papel plano siempre suman 180 grados. Existe una relación entre el tamaño de un ángulo y la longitud del lado opuesto del triángulo: cuanto más grande sea el ángulo, más largo será el lado opuesto. Un triángulo en el que todos los ángulos miden menos de 90 grados se llama **agudo**, y el triángulo que tiene un ángulo mayor de 90 grados es **obtuso**.

El caso especial de un triángulo en el que un ángulo es igual a 90 grados —el **triángulo rectángulo**— es la base de uno de los teoremas más famosos de la historia de las matemáticas: el teorema de Pitágoras (*véase* el Tema 3.10).

El triángulo es la forma de lados rectos más sólida que existe: es posible deformar un cuadrado con esquinas articuladas, pero un triángulo articulado seguirá siendo rígido.

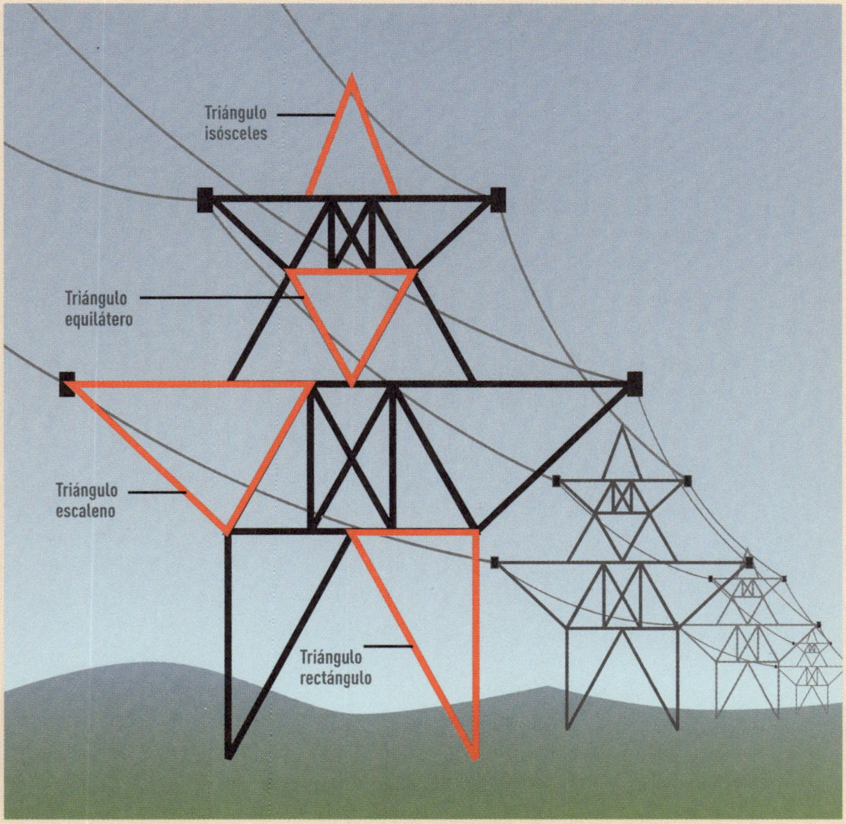

Teorema de Pitágoras: en un triángulo rectángulo, el cuadrado de la longitud del lado más largo (opuesto al ángulo recto y llamado hipotenusa) es igual a la suma de los cuadrados de las longitudes de los otros dos lados o catetos.

2.2 Polígonos

Desde el humilde triángulo hasta el círculo perfecto, en infinitos pasos regulares.

Un paso más allá del triángulo está el rectángulo. De hecho, y para ser más precisos, un pasó más allá del triángulo está el **cuadrilátero**: una forma cerrada limitada por cuatro lados rectos.

El rectángulo pertenece a una clase especial de cuadriláteros: aquellos cuyos ángulos miden todos 90 grados. Si cada uno de los cuatro lados tiene la misma longitud, entonces tenemos un cuadrado. Existen formas cerradas similares de cinco lados (pentágonos), seis (hexágonos), siete (heptágonos), ocho (octógonos), nueve (eneágonos), y así sucesivamente.

A medida que el número de lados aumenta, los matemáticos abandonan los nombres griegos y en su lugar describen una forma mediante una combinación extraña pero práctica de un número más el sufijo –gono (del griego *gonia*, que significa «esquina» o «ángulo»). Una forma de 96 lados se llama 96-gono. De forma colectiva estas formas se conocen como **polígonos**, cuya traducción aproximada sería «formas con muchas esquinas».

El triángulo equilátero y el cuadrado son **polígonos regulares**, cuyos lados tienen todos la misma longitud y sus ángulos son iguales. También existen pentágonos, hexágonos y heptágonos regulares, y así sucesivamente hasta donde quiera llegar.

Los antiguos griegos empleaban polígonos para aproximarse a la circunferencia y al área de un círculo.

Polígonos y círculos

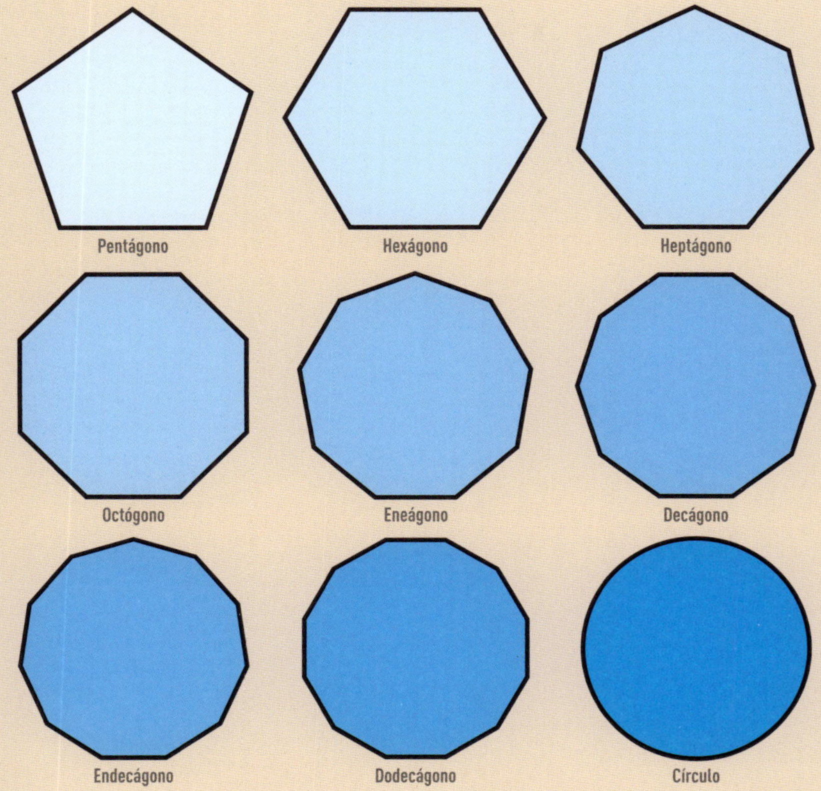

Aunque los lados de los polígonos de muchos lados siguen siendo líneas rectas, se vuelven tan cortas que, juntándolas, se acercan a la redondez perfecta del círculo.

2.3 Círculos

Un círculo es una colección de puntos que están a una distancia fija (el radio) de un punto determinado (el centro).

Los círculos poseen una hermosa regularidad. Toda línea recta que pasa por el centro del círculo es una línea de simetría: es posible reflejar el círculo sobre esta línea sin modificar su aspecto. De modo similar, un círculo puede rotar alrededor de su centro por cualquier ángulo al tiempo que mantiene su forma exacta. Esto hace del círculo la forma más simétrica que existe.

Otra bella propiedad del círculo es que maximiza el área que abarca. Si le dieran un trozo de cuerda y le pidieran que formara con ella una forma cerrada de modo que el área abarcada fuera lo más grande posible, escogería la forma de un círculo: cualquier deformación del mismo daría como resultado un abultamiento hacia el interior, reduciendo así el área interna.

El círculo también nos da uno de los números más famosos de las matemáticas. Tome cualquier círculo, de cualquier tamaño, y descubrirá que, si divide su circunferencia por su diámetro, el resultado es igual a 3,14159. . . , una constante que se conoce como π (la letra griega *pi*; *véase* la pág. 43). El área del círculo siempre es igual a πr^2, donde r es el **radio** del círculo (medido como línea recta desde el centro del círculo hasta cualquier punto de su circunferencia).

En 2015, la humanidad había conseguido calcular los primeros 13,3 billones de lugares decimales del número π.

3.141592653589793238462643383279502884197
16939937510582097494459230781640628620899
86280348253421170679821480865132823066470
93844609550582231725359408128481117450 28
41027019385211055596446229489549303819644
28810975665933446128475648233786783165 27
12019091456485669234603486104543266482133
93607260249141273724587006606315588174 88
15209209628292540917153643678925903600113
30530548820466521384146951941511609433 05
72703657595919530921861173819326117931051
18548074462379962749567351885752724891 22
79381830119491298336733624406566430860213
94946395224737190702179860943702770539217
17629317675238467481846766940513200056 81
27145263560827785771342757789609173637178
72146844090122495343014654958537105079227
96892589235420199561121290219608640344181
59813629774771309960518707211349999998372
97804995105973173281609631859502445955 . . .

El número π es irracional, lo que significa que su expansión decimal es infinita y que no se estabiliza formando un patrón de repetición.

2.4 Trigonometría

¿Qué tienen en común la astronomía, la navegación, la geografía y la arquitectura? A lo largo de buena parte de su historia, su éxito ha dependido de la trigonometría o «medición de triángulos».

En esencia, la **trigonometría** explora las relaciones entre los tamaños de los ángulos y las longitudes de los lados de un triángulo. Llamaremos θ a uno de los dos ángulos más pequeños de un triángulo rectángulo (puede ser cualquiera de los dos). Entonces podemos definir las relaciones trigonométricas básicas usando las longitudes de los tres lados del triángulo:

sen θ = longitud del lado opuesto/longitud de la hipotenusa.

cos θ = longitud del lado adyacente/longitud de la hipotenusa.

Nótese que la **hipotenusa** es el lado más largo, el opuesto al ángulo recto, y que el *lado adyacente* es el que va desde el ángulo θ hasta el ángulo recto.

Si mantiene la misma longitud de hipotenusa pero cambia el tamaño del ángulo θ, entonces la longitud del lado opuesto variará con θ y también lo hará el valor del seno θ. De modo similar, la longitud del lado adyacente variará y también el valor del coseno θ.

Los valores cambiantes que resultan de las funciones trigonométricas definen suaves curvas de repetición llamadas sinusoidales. Estas ondas de senos y cosenos forman el núcleo para el análisis de cualquier fluctuación periódica, desde ondas de sonido hasta la sismología.

Para cualquier ángulo θ, $cos^2(\theta) + sen^2(\theta) = 1$.

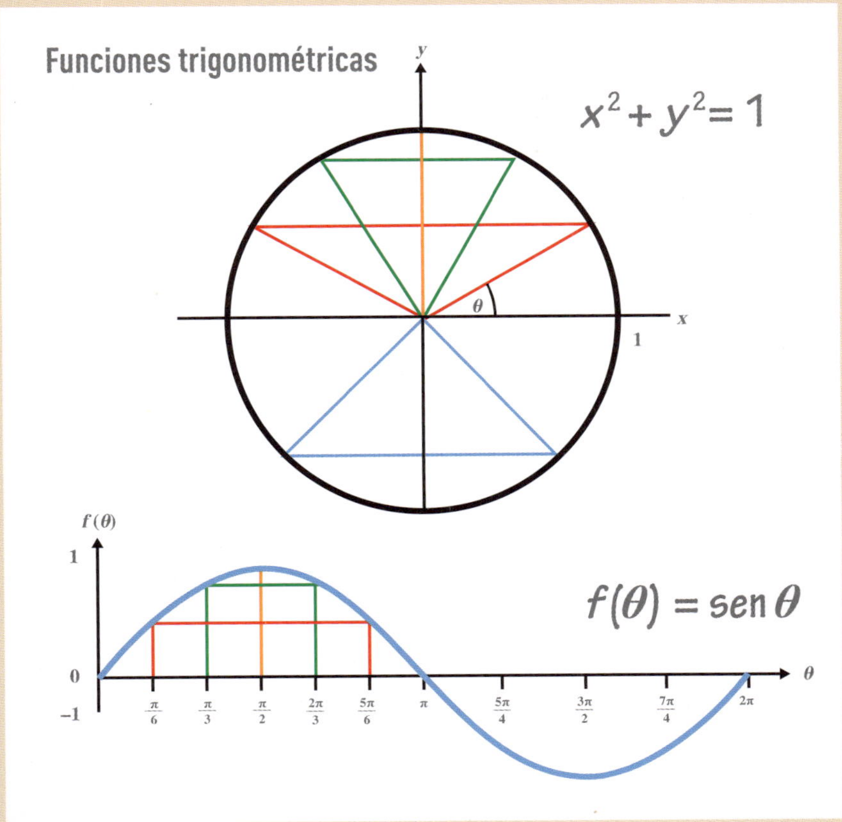

El gráfico muestra cómo la función sen θ (curva azul) se puede dibujar utilizando los ángulos interiores de los triángulos. En este caso, tenemos el gráfico de la función $y = \text{sen}\,\theta$ para θ en el intervalo $(0,2\pi)$.

2.5 Superficies de un solo lado

Tome una tira de papel, dele media vuelta y junte los extremos. Habrá creado un importante objeto matemático: una banda de Moebius o Möbius.

Una tira normal de papel tiene dos lados: el anterior y el posterior. Pero, ¿cuántos lados tiene una **banda de Moebius**? Una vez haya construido una, trace una línea por la parte central sin levantar el lápiz del papel. Continúe hasta alcanzar el punto donde empezó.

Si hubiera juntado los extremos de la tira de papel sin doblarla, solo habría dibujado un lazo por el interior o el exterior. Pero en el caso de la banda de Moebius, puede trazarse una línea para unir dos puntos cualquiera (incluso los que en un principio se encontraban en lados opuestos de la tira de papel). Así pues, la banda de Moebius no tiene dentro ni fuera: solo tiene un lado.

Este tipo de superficies de un solo lado se denominan **superficies no orientables**. Del mismo modo que solo tiene un lado, la banda de Moebius solo tiene un borde. Puede comprobarlo usted mismo pasando un rotulador por el borde hasta volver al punto donde empezó: verá que el borde de «ambos lados» de la banda estará coloreado y formará un bucle continuo.

En matemáticas, las superficies de un solo lado son importantes. Las bandas de Moebius son un ejemplo fundamental de no orientabilidad: el interior de toda posible superficie no orientable la posee.

Las cintas transportadoras y para máquina de escribir se han construido como bandas de Moebius para poder aprovechar mejor la superficie de «ambos lados» de la banda.

Botella de Klein

Esta imagen fue creada por Charles Trevelyan, que hizo la botella parcialmente transparente para poder apreciar por completo su forma.

La botella de Klein solo tiene un lado y no encierra ningún volumen. No puede existir en un espacio tridimensional, ya que se necesita una cuarta dimensión adicional para que el cuello pase a través de la pared de la botella sin intersecarse con ella.

2.6 Axiomas de Euclides

La geometría se remonta a Euclides de Alejandría, un matemático de la Grecia antigua.

Los antiguos griegos eran muy aficionados a la geometría. Pero no contentos con dibujar formas, también quisieron demostrar que los resultados, como el del teorema de Pitágoras, eran sin duda verdaderos.

La única forma de demostrar algo es deducirlo de forma lógica a partir de hechos básicos que se sabe con certeza que son verdaderos. Es por esto que Euclides de Alejandría (hacia 300 a. C.) concibió sus cinco **axiomas** de la geometría (*véase* la pág. 49):

- **1** Dados dos puntos cualesquiera, siempre podemos trazar la recta que los une.
- **2** Cualquier segmento de línea puede prolongarse en una misma dirección.
- **3** Dado un punto P y un segmento de línea l que empieza en P, puede trazarse un círculo cuyo centro será P y l su radio.
- **4** Todos los ángulos rectos son iguales. (Para Euclides, un ángulo recto era un ángulo construido de una forma particular. El axioma afirma que todos los ángulos construidos de esta manera son iguales).
- **5** El quinto axioma es difícil de enunciar en términos sencillos, pero equivale al hecho de que los ángulos de un triángulo suman 180 grados.

Euclides publicó sus axiomas en la obra *Los elementos*, uno de los tratados rigurosos más tempranos que se conocen sobre geometría y otros campos de las matemáticas. Es uno de los libros más conocidos de todos los tiempos; hay quien dice que solo la Biblia se ha reeditado más veces.

Hay quien sostiene que Euclides no existió y que fueron varios matemáticos quienes escribieron *Los elementos*.

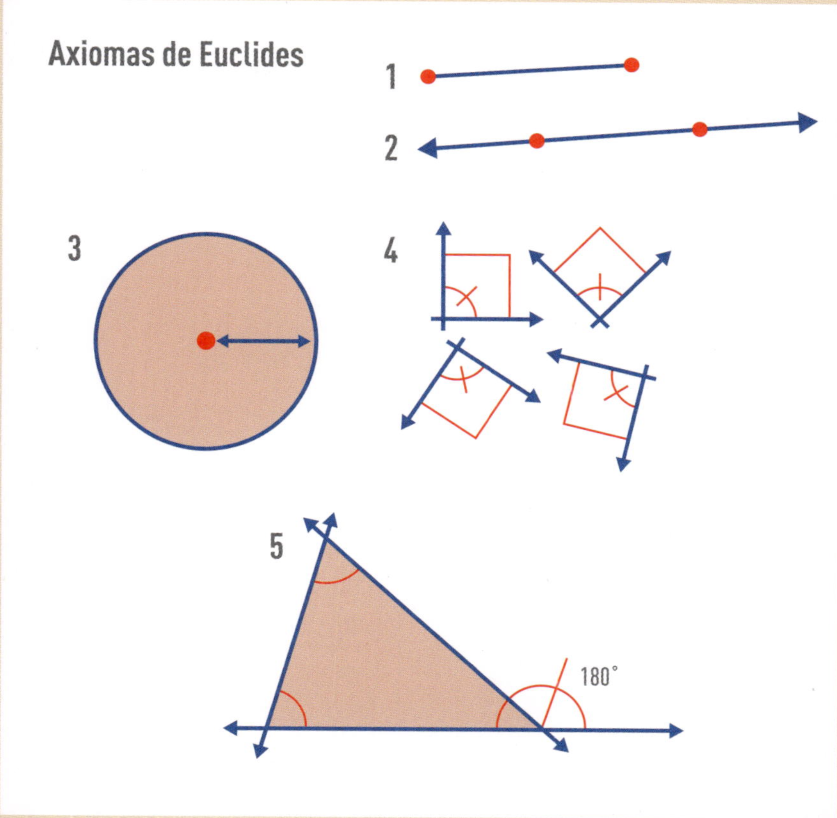

A través de sus cinco axiomas, Euclides fue capaz de demostrar resultados matemáticos mediante construcciones geométricas.

2.7 Geometría hiperbólica

Tras intentar demostrar, aunque sin éxito, que el quinto axioma de Euclides siempre se sostiene, los matemáticos descubrieron un nuevo y maravilloso tipo de geometría.

Cuando el matemático del siglo XIX János Bolyai (1802-1860) llevaba ya un tiempo intentando encontrar la prueba de que el quinto axioma de Euclides siempre es verdadero, recibió una carta de su padre Farkas Bolyai (1775-1856) rogándole que desistiera.

Este axioma (*véase* el Tema 2.6) es equivalente a decir que los ángulos de un triángulo siempre acaban sumando 180 grados. El padre de János temía que el trabajo que esto implicaba «*pueda consumir todo tu tiempo y privarte de tu salud, tranquilidad de espíritu y felicidad en la vida*». Puede que tuviera razón.

El axioma funciona para triángulos dibujados sobre una superficie plana. Pero un triángulo dibujado sobre una esfera se abulta hacia fuera, lo que hace que los ángulos sumen más de 180 grados. (Los lados del triángulo esférico son análogos a líneas rectas, es decir, el camino de la distancia más corta). ¿Existe alguna superficie sobre la cual los ángulos de un triángulo sumen menos de 180 grados? La respuesta es sí, y un ejemplo de ello es una superficie que tenga forma de silla de montar.

La geometría hiperbólica constituye un elemento destacado de la teoría especial de la relatividad de Einstein.

En su desacertada búsqueda de una prueba para el quinto axioma de Euclides, los matemáticos al final desarrollaron la **geometría hiperbólica**, en la que no se sostiene el quinto axioma de Euclides. Los triángulos del **plano hiperbólico** siempre tienen ángulos que suman menos de 180 grados.

Plano hiperbólico

Esta imagen muestra la totalidad del plano hiperbólico. La distorsión significa que los triángulos parecen hacerse más pequeños hacia el borde del círculo. No obstante, según la métrica hiperbólica real, todos son del mismo tamaño.

Es imposible representar el plano hiperbólico en un trozo de papel plano sin distorsión.

2.8 Topología

La geometría es muy precisa, mientras que su disciplina hermana, la topología, suele ser más permisiva.

En topología, se considera que dos formas son la misma si una puede transformarse en la otra sin tener que cortar, romper o pegar. Un ejemplo bien conocido es el de la taza de café y la rosquilla: si la taza estuviera hecha de un material elástico, se podría deformar hasta obtener la figura de una rosquilla, convirtiendo el agujero formado por el asa en el agujero central de la rosquilla.

Permitir doblar, apretar y estirar las formas de esta manera puede resultar útil. Tomemos como ejemplo el mapa del metro de Londres. Desde un punto de vista geográfico, el mapa es deplorablemente inadecuado: las distancias entre estaciones están distorsionadas y todas las líneas parecen circular en línea recta, ya sea de forma vertical, horizontal o en ángulos de 45 grados.

Pero un mapa geográficamente exacto sería una complicada maraña, con las estaciones apretujadas en el centro. También tendría que ser enorme, para poder incluir las zonas más alejadas de la red. Las líneas del metro no son rectas, sino que se extienden de forma confusa por la ciudad y se cruzan entre sí.

En topología, incluso una patata rugosa es una esfera perfecta.

En 1933, Harry Beck (1902-1974), que trabajaba en el metro de Londres, se dio cuenta de que el mapa se podría dibujar mejor si se centraba simplemente en las conexiones entre las líneas. Su mapa topológico se ha convertido en una imagen emblemática, que muchos consideran una obra de diseño genial.

Transformación fluida

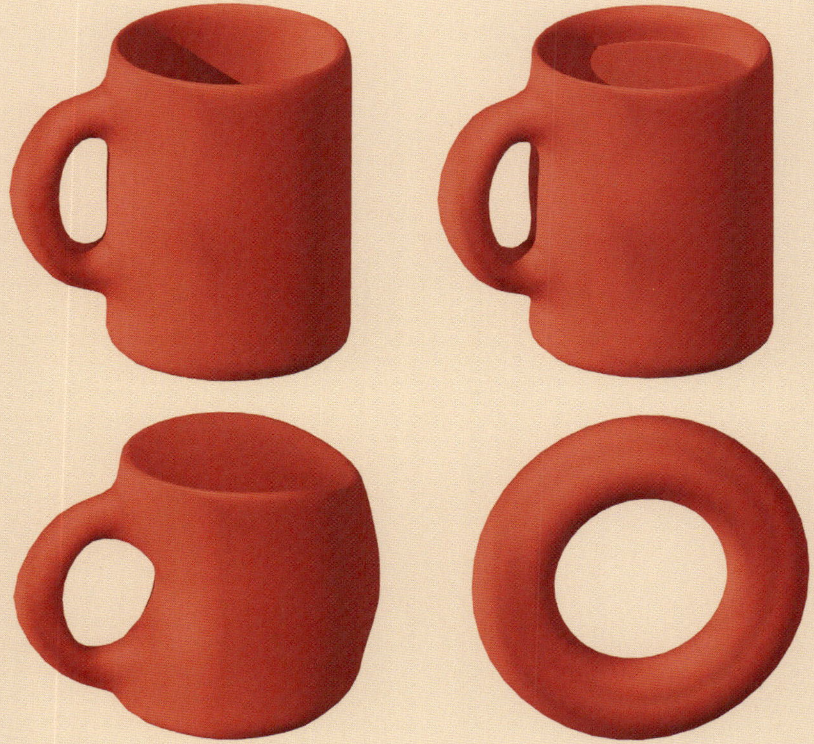

En este ejemplo, y en términos topológicos, la taza y la rosquilla tienen la misma forma ya que una puede transformarse en la otra sin recortar nada.

2.9 Dimensiones más elevadas

Las dimensiones más elevadas parecen intimidantes pero, de hecho, la mayoría de nosotros ya estamos acostumbrados a ellas.

Si ha quedado para encontrarse con un amigo en un edificio alto, necesita cuatro datos: el nombre de la calle, el número de la calle, la planta del edificio y la hora a la que han quedado.

Los matemáticos llaman a estas unidades de información *coordenadas*, y estas cuatro **coordenadas** definen un espacio de cuatro dimensiones. Un espacio de cinco dimensiones se define por un conjunto de cinco coordenadas, los espacios de seis dimensiones por un conjunto de seis coordenadas, y así sucesivamente. Por ello, para pensar en dimensiones más elevadas, los matemáticos simplemente piensan en términos de más y más coordenadas.

Muchos conceptos conocidos se pueden ampliar a espacios de dimensiones más elevadas. Por ejemplo, un círculo es el conjunto de puntos en dos dimensiones que se encuentran a la misma distancia del centro. Una esfera es el conjunto de puntos en tres dimensiones que se sitúan a la misma distancia del centro, y la hiperesfera es el conjunto de puntos en cuatro o más dimensiones que se encuentran a la misma distancia del centro (donde la idea de distancia en cuatro o más dimensiones es simplemente una extensión de la que ya conocemos).

La definición es idéntica para espacios de dos, tres, cuatro o más dimensiones; simplemente cambia el número de coordenadas necesarias para describir la ubicación de los puntos de cada espacio.

En lugar de tener un límite que consiste en seis caras cuadradas, como un cubo, el hipercubo o teseracto cuatridimensional está encerrado por ocho caras cúbicas.

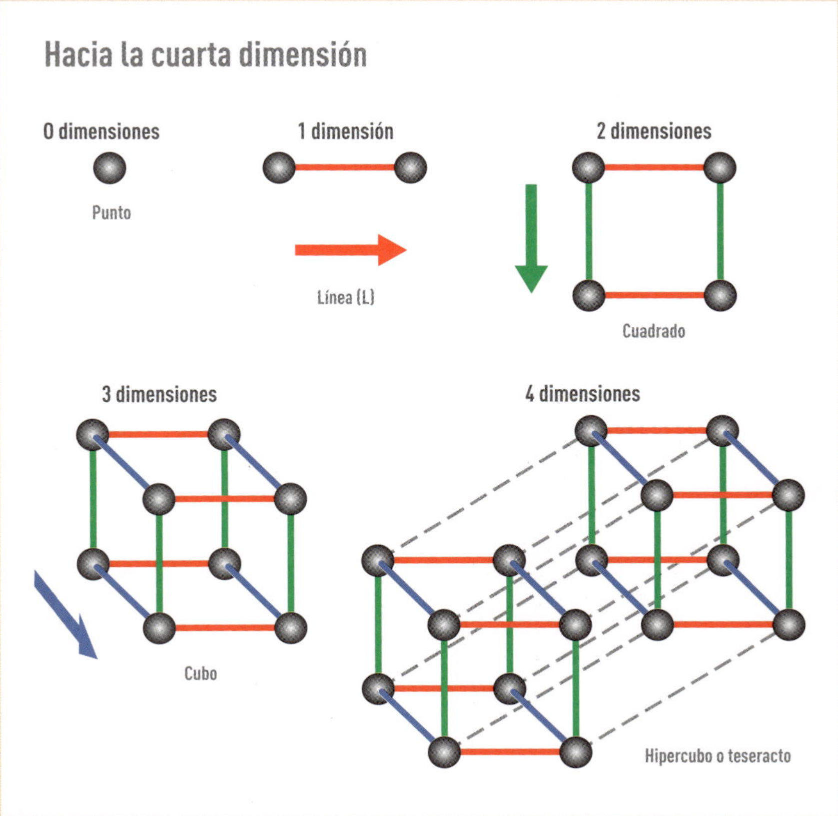

Un cuadrado se forma empezando con un segmento de línea de una longitud L y extendiéndolo a una distancia de L para formar un cuadrado. El cubo extiende un cuadrado bidimensional hasta la tercera dimensión, y el hipercubo extiende un cubo tridimensional hasta la cuarta dimensión.

2.10 Conjetura de Poincaré

En topología, no es necesario que una esfera sea perfectamente redonda. Puede moldearse en cualquier forma y, siempre y cuando no se perfore, dicha forma continuará siendo una esfera.

En el año 2000, el Clay Mathematics Institute ofreció un millón de dólares a quien resolviera la conjetura de Poincaré.

Así pues, ¿qué define a una esfera topológica, si no es su redondez? Una respuesta está en los lazos: un lazo dibujado en una esfera puede, en teoría, quedar reducido a un solo punto. Pero este no es el caso de una rosquilla: si el lazo pasa por el agujero, no hay forma de encogerlo si no es cortándolo. El hecho de que los lazos puedan quedar reducidos a un punto sin cortarlos es lo que distingue la esfera topológica de otras superficies de la misma familia.

Si lo anterior se aplica a una esfera bidimensional en un espacio tridimensional, ¿sucede lo mismo con una esfera tridimensional en un espacio cuatridimensional? Aunque puede que no sea posible visualizar la esfera, esta y su propiedad de lazo menguante pueden describirse rigurosamente de forma matemática. A principios del siglo XX, el matemático francés Henri Poincaré (1854-1912) afirmó que un resultado análogo al del lazo que encoge se aplica también a una esfera tridimensional.

No obstante, ni Poincaré ni innumerables matemáticos después de él lograron demostrar esta *conjetura de Poincaré*, que como resultado de ello se hizo notoria. La conjetura no se resolvió hasta casi un siglo después, cuando el matemático ruso Grigori Perelman (nacido en 1966) publicó la prueba en una serie de artículos a través de internet. A Perelman le llovieron los premios y los honores, pero él los rechazó. No a todo el mundo le motivan la fama y la fortuna.

Lazos que encogen

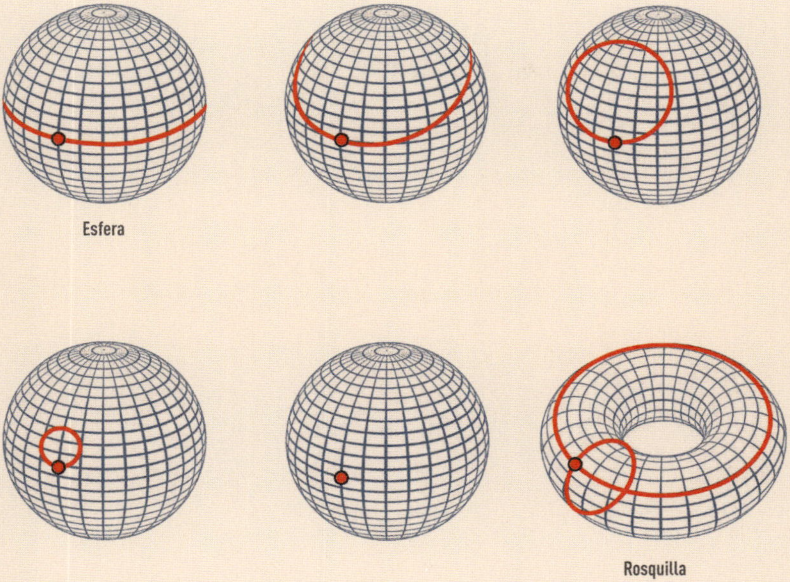

El lazo rojo que rodea la esfera puede encogerse hasta reducirlo a un solo punto, no así el lazo que rodea la rosquilla.

ECUACIONES

3

Para muchos de nosotros, el primer encuentro con las ecuaciones representa el primer paso en el mundo de la abstracción. Pero no hay que preocuparse: el álgebra, el arte de trabajar con símbolos, es solo un lenguaje. De hecho, es un lenguaje muy conveniente. Intente expresar una ecuación con palabras (sin leer solo los símbolos) y pronto descubrirá por qué.

En este capítulo examinaremos los componentes básicos de las ecuaciones matemáticas. Veremos que las ecuaciones están relacionadas con algunas de las formas que ya conocemos por la geometría, y descubriremos que algunas ecuaciones pueden resolverse y otras no, y que, hace tiempo, los matemáticos se desafiaban mutuamente para ver quién encontraba antes la solución. También analizaremos algunas ecuaciones especiales y uno de los problemas más difíciles de la historia de las matemáticas: el último teorema de Fermat.

Pero antes de empezar, aquí tiene un hermoso ejemplo de una ecuación expresada en palabras. Es un problema del libro de matemáticas *Lilavati*, escrito por el matemático indio Baskara II en el siglo XII.

De una manada de elefantes, la mitad, junto con una tercera parte de la misma, caminaba por un bosque. Una sexta parte, junto con una séptima parte de la misma, estaba bebiendo agua en un río. Una octava parte, junto con una novena parte de la misma, jugaba con unas flores de loto. El líder de la manada estaba acompañado por tres hembras. ¿Cuántos elefantes había en la manada?

Traducido a una ecuación y un poco simplificado, esto sería: $0{,}996x + 4 = x$.

Contenido

3.1 Variables y constantes

El poder de la abstracción representado con unos simpáticos símbolos.

Si gana Ðx al mes, ¿cuánto gana en un año? La respuesta es $12x$. Si y representa su salario anual, $y = 12x$.

Este es un ejemplo de una **ecuación**. El símbolo x se llama **variable** porque, en teoría, podría representar cualquier número. El símbolo y es una **variable dependiente** porque su valor depende de x. Y el número 12 se llama **constante** porque obviamente no cambia.

El empleo de símbolos para representar números nos lleva de pleno al mundo del álgebra. Para una ecuación más general, también podríamos escribir un símbolo, por ejemplo a, para representar la constante 12. La ecuación $y = ax$ representaría entonces cualquier situación en la que la variable y es igual a algún número fijo (es decir, a), multiplicado por otra variable x, independientemente de si x representa su salario o, pongamos por caso, el precio de una hamburguesa.

Hoy día el álgebra nos parece algo común, pero este paso hacia la abstracción representó un gran avance en el desarrollo de las matemáticas. De todos modos, el uso de los símbolos no acabó de arraigar hasta el siglo XV. Hasta entonces, las ecuaciones se expresaban con palabras, lo que podía resultar bastante tedioso.

La palabra *álgebra* viene del árabe *al-jabr*, que significa «restauración».

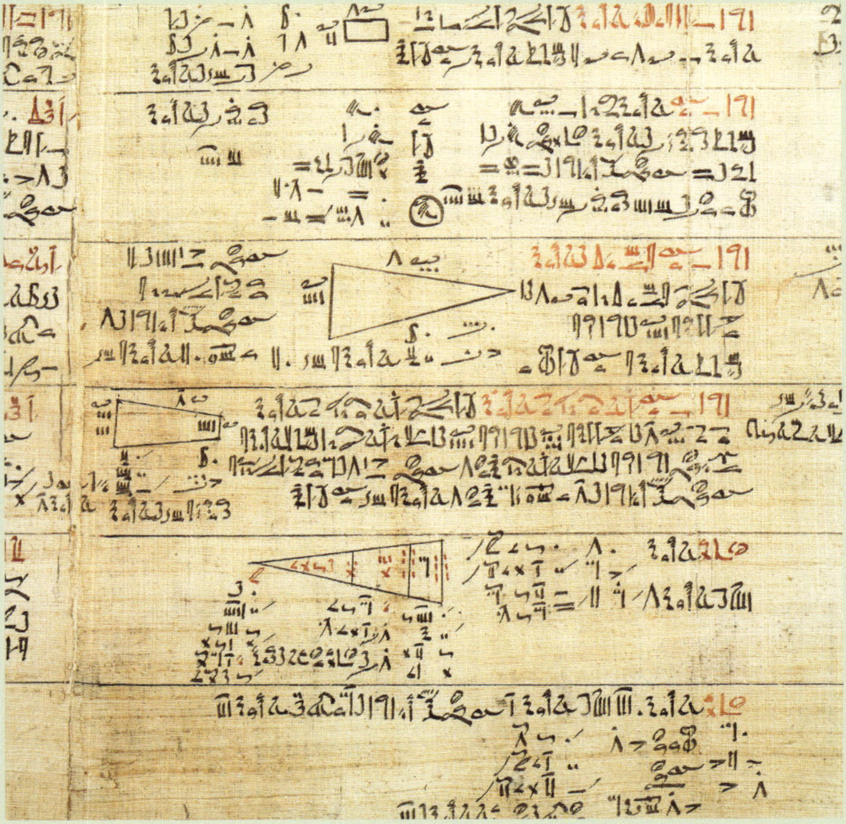

Una de las primeras pruebas documentales de abstracción algebraica se encuentra en el papiro egipcio de Rhind, de 5,5 metros de largo, que data de hacia 1650 a. C. Se conserva en el Museo Británico de Londres.

3.2 Coordenadas cartesianas

A menudo pensamos en el álgebra y la geometría como campos diferentes de las matemáticas, pero de hecho existe una profunda conexión entre ambas.

Estaba un día el matemático francés René Descartes (1596-1650) en su cama, contemplando una mosca en la pared (o así lo cuenta la historia), cuando se preguntó entonces cuál sería la mejor forma de describir dónde se encontraba la mosca. Como resultado, concibió lo que ahora llamamos **coordenadas cartesianas**.

Para especificar un punto en el plano (la ubicación de la mosca en la pared, por ejemplo), se dibujan primero dos ejes perpendiculares que se encuentren en un punto que llamaremos *0*. A continuación, se determina cada punto mediante dos coordenadas: la primera da su distancia horizontal hasta *0* y la segunda su distancia vertical hasta *0*. La primera suele llamarse la coordenada x y la segunda la coordenada y.

¿Y la conexión con el álgebra? Suponga que tiene la ecuación $y = 2x$. Observe ahora todos los puntos cuyas coordenadas (x, y) cumplen con esta ecuación. En otras palabras, encuentre los puntos cuyas coordenadas adopten la forma $(x, 2x)$. El punto (0,0) cumple en este caso los requisitos, igual que los puntos (1,2) y (2,4).

Ahondando un poco más se revela el hecho de que los puntos cuyas coordenadas cumplen con esta ecuación están todos en una línea recta que conecta (0,0), (1,2) y (2,4). De hecho, la ecuación determina exactamente esta línea.

La ecuación $x^2 + y^2 = 2^2$ define un círculo con centro (0,0) y radio 2.

Sistema de coordenadas cartesianas

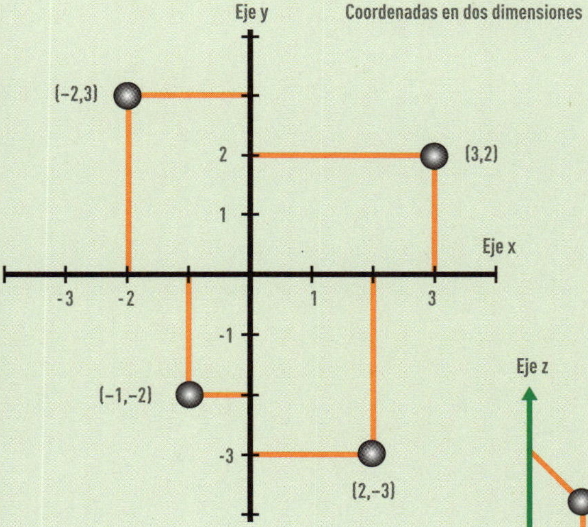

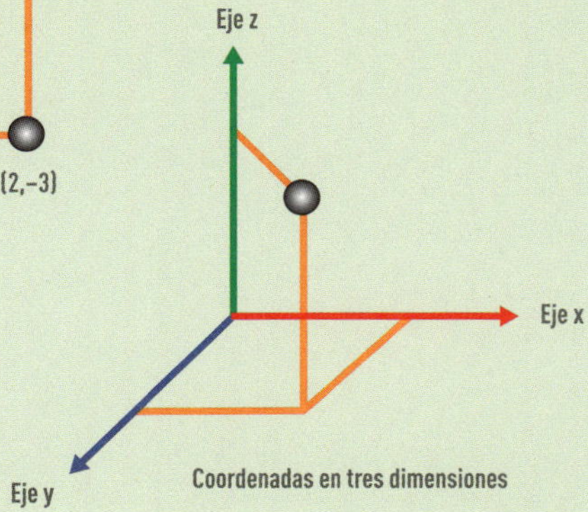

Los diagramas muestran unas coordenadas en dos y tres dimensiones. La conexión entre el álgebra y la geometría permite a los matemáticos resolver problemas algebraicos mediante la geometría, y viceversa.

3.3 Ecuaciones cuadráticas

Las ecuaciones cuadráticas son aquellas en las que la potencia más elevada de la variable es 2. Resultan útiles en numerosos contextos.

El tamaño o el área de un campo cuadrado cuyos lados tengan una longitud x es x^2. En una **ecuación cuadrática o de segundo grado** también pueden existir potencias menores de x. Por ejemplo, el tamaño de otro campo, en el que un lado es 2 metros más largo que el otro, se expresa como:

$$x(x + 2) = x^2 + 2x.$$

En general, cualquier ecuación de segundo grado se puede escribir como:

$$y = ax^2 + bx + c,$$

donde x es la variable que cambia; a, b y c son los coeficientes, y el valor de y depende del valor de x. Un gráfico de los valores de y para diferentes valores de x (*véase* el Tema 3.2) da como resultado una forma llamada **parábola**.

Las parábolas poseen una propiedad fascinante: cualquier línea que penetre en una parábola en paralelo a su línea central se refleja en la curva de la parábola y va a parar a un punto de su línea central (*véase* la pág. 67) llamado **foco**. Es por este motivo que la curva de una antena parabólica, si se corta por la mitad, tiene forma de parábola. La antena está inclinada en un ángulo de modo que las ondas de radio que recibe entren paralelas a la línea central. Entonces se reflejan en la superficie de la antena y van a parar al foco, donde está localizado el receptor de señal.

La bombilla del faro de un coche se halla en el centro de un espejo parabólico.

Antena parabólica

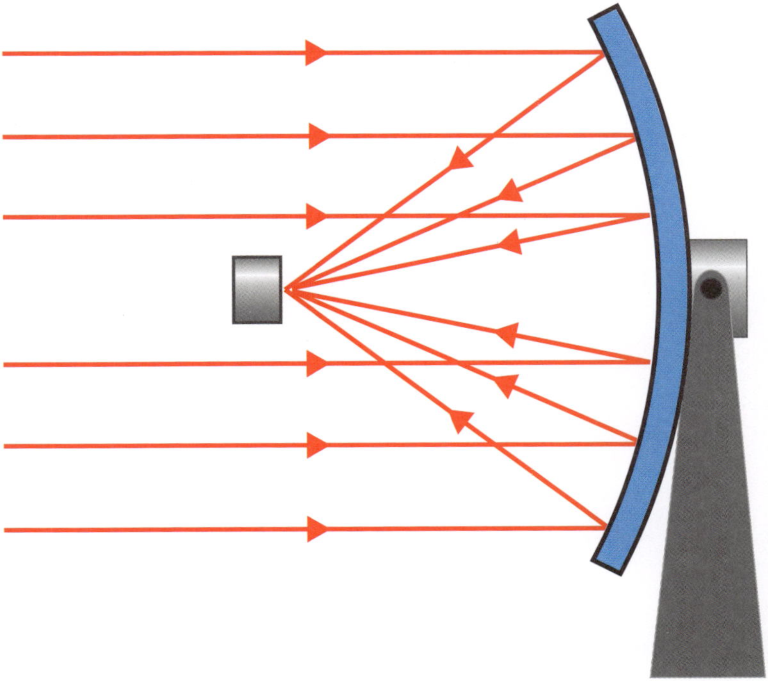

¿Qué tienen en común el vuelo de una pelota lanzada al aire, el elegante arco que crea el agua en una fuente y la forma de una antena parabólica? Todos se pueden describir mediante una ecuación cuadrática.

3.4 Ecuaciones cúbicas

En el siglo XVI, los matemáticos se retaban en duelo y sus armas eran técnicas matemáticas para resolver ecuaciones. Uno de los desafíos favoritos era resolver ecuaciones cúbicas.

Las **ecuaciones cúbicas o de tercer grado** son aquellas en las que la potencia más elevada de la variable x es 3. Por ejemplo, $x^3 + 2x - 33 = 0$, cuya solución es $x = 3$.

Se podría pensar que resolver estas ecuaciones es algo relativamente fácil, ya que todos aprendemos la regla para resolver ecuaciones cuadráticas en la escuela (*véase* el Tema 3.3). El valor de x en una ecuación cuadrática expresada como $ax^2 + bx + c = 0$ es:

$$x = \frac{-b \pm \sqrt{b^2 - 4ac}}{2a}$$

Esta regla, la **fórmula cuadrática**, existe como mínimo desde el año 628 a. C., pero la regla general similar para las ecuaciones cúbicas resultó ser más esquiva. Por ello, si alguien descubría una técnica para resolver un tipo de ecuación cúbica determinado la mantenía en secreto. Por ejemplo, hubo quienes desarrollaron un método para resolver ecuaciones reducidas, de la forma $x^3 + bx + c = 0$, pero no quisieron compartirlo.

El primer ejemplo de cálculo con la raíz cuadrada de un número negativo apareció en el libro *Ars Magna* (*véase* el Tema 1.9).

El matemático italiano Girolamo Cardano (1501-1576) puso fin a estos secretos celosamente guardados. Había aprendido el método para resolver **ecuaciones cúbicas reducidas** de forma independiente y de dos fuentes distintas, una de las cuales, Tartaglia, le hizo jurar que guardaría el secreto. Cardano publicó el método en su obra *Ars Magna* [El gran arte] y lo empleó de un modo ingenioso para hallar una solución general que pudiera resolver cualquier ecuación de tercer grado.

Ecuaciones cúbicas reducidas

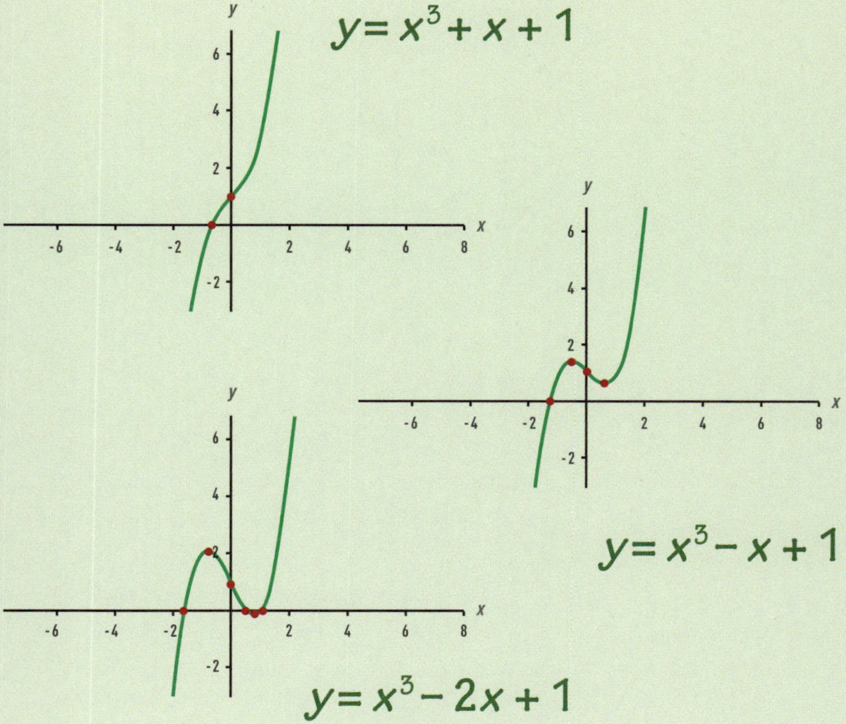

Estas tres gráficas son ejemplos de ecuaciones cúbicas reducidas, es decir, las que no tienen una potencia al cuadrado. Tanto Scipione del Ferro (1465-1526) como Niccolò Fontana (hacia 1500-1557) desarrollaron, de forma independiente, un método para resolverlas.

3.5 Ecuaciones quínticas

La búsqueda de una solución a las ecuaciones quínticas llevó al nacimiento de la simetría gracias al trabajo de dos matemáticos que murieron prematuramente.

¿Cuál es el valor de x si $x^5 = 32$? La respuesta es $x = 2$. Esto demuestra que es perfectamente posible resolver una **ecuación quíntica o de quinto grado**, en la que la potencia más elevada de x es 5.

La cuestión es si existe una **solución general**, una fórmula similar a la cuadrática que se pueda aplicar a cualquier ecuación quíntica. Puede parecer sorprendente, pero la respuesta es «no». El matemático noruego Niels Henrik Abel (1802-1829) demostró este resultado en 1824, cuando contaba 22 años. Por desgracia, Abel murió en la indigencia cinco años después, de tuberculosis.

Al poco tiempo, el francés Évariste Galois (1811-1832) se propuso entender por qué la ecuación quíntica no admite una solución general. Se percató de que a menudo parece existir una simetría al trabajar con ecuaciones. Podemos vislumbrar esta simetría si nos damos cuenta de que, si x es una solución a $x^5 = 32$, entonces $-x$ es una solución a $x^5 = -32$. Es como si x y $-x$ fueran una imagen reflejada de la otra.

A partir de ahí Galois desarrolló una teoría de la simetría (*véase* el Tema 7.1) que explicaba por qué no existe una solución general para la ecuación quíntica. Por desgracia, Galois también tuvo un final trágico: murió en un duelo en 1832, a los 20 años de edad.

La obra de Galois sentó las bases de la teoría de grupos, un pilar fundamental en el mundo de las matemáticas.

Simetría perfecta

$$ax^5 + bx^4 + cx^3 + dx^2 + ex^2 + fx + e$$

Fórmula general de una ecuación quíntica.

Galois sentó las bases de la teoría de grupos: el estudio matemático de la simetría. Tiene muchas aplicaciones en física, una disciplina en la que se cree que las ecuaciones subyacentes a menudo presentan simetrías.

3.6 Polinomios

Las expresiones compuestas por múltiplos de potencias de una variable que se suman o restan unos de otros se llaman polinomios.

Unos ejemplos de **polinomios**:

$x^4 + 2x^3 - 3x^2 + 4x + 5$
$2x^{10} - 10x^5 + 7x^3 + 9x^2 + 4x + 17.$

Resolver este tipo de ecuaciones no siempre es tarea fácil (*véase* el Tema 3.5), pero los polinomios poseen una atractiva propiedad: sirven para escribir otras expresiones matemáticas. Por poner un ejemplo, piense en la trigonometría (*véase* el Tema 2.4). El coseno de x, $\cos(x)$, puede escribirse como:

$$\cos(x) = 1 - \frac{x^2}{2!} + \frac{x^4}{4!} - \frac{x^6}{6!} + \ldots$$

Este polinomio infinitamente largo se denomina **serie de potencias**, y forma una bella secuencia. Hay una expresión complementaria para el seno de x, $\operatorname{sen}(x)$.

Existen infinitos polinomios para muchas expresiones matemáticas, que resultan útiles en contextos matemáticos. Por ejemplo, si tiene que calcular $\operatorname{sen}(x)$ o $\cos(x)$ para algún valor de x pero su calculadora carece de la tecla adecuada, puede aproximarse a la respuesta calculando los primeros términos de la serie de potencias.

Para un número n, el producto $n \times (n-1) \times (n-2) \times (n-3) \times \ldots \times 2 \times 1$ se llama factorial de n y se abrevia como $n!$ (*véase* la pág. 73).

Gráfico de polinomios

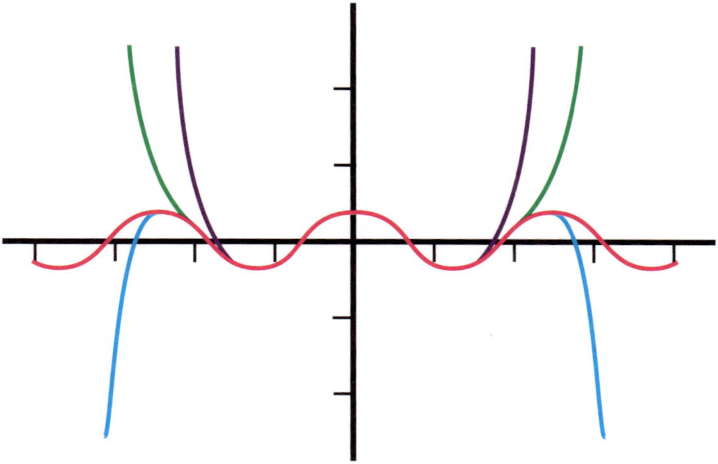

$$f(x) = 1 - \frac{x^2}{2!} + \frac{x^4}{4!} - \frac{x^6}{6!} + \frac{x^8}{8!}$$

$$f(x) = 1 - \frac{x^2}{2!} + \frac{x^4}{4!} - \frac{x^6}{6!} + \frac{x^8}{8!} - \frac{x^{10}}{10!} + \frac{x^{12}}{12!}$$

$$f(x) = 1 - \frac{x^2}{2!} + \frac{x^4}{4!} - \frac{x^6}{6!} + \frac{x^8}{8!} - \frac{x^{10}}{10!} + \frac{x^{12}}{12!} - \frac{x^{14}}{14!}$$

La curva de color magenta representa $\cos(x)$. Las otras curvas representan la aproximación a $\cos(x)$ utilizando los primeros términos de la serie de potencias.

3.7 Las leyes de la potencia

Aunque parezca sorprendente, muchos de los fenómenos que nos rodean, ya sean naturales o artificiales, se describen mediante un tipo de ecuaciones determinado.

Este tipo de ecuaciones presentan la siguiente forma:

$y = 1/x$
$y = 1/x^2$
$y = 1/x^3$

y así sucesivamente. Siempre que una variable y varía en proporción a $1/x^k$, para un número k, decimos que sigue una **ley potencial o ley de la potencia**.

Un tipo significativo de procesos que siguen las **leyes de la potencia** tiene que ver con las redes: ya sean redes de amistades, internet, la red eléctrica o redes de transporte. En estas redes cada nodo (una persona, por ejemplo) está vinculado a una serie de otros nodos (sus amigos). Si cuenta el número y de nodos que están relacionados con exactamente x nodos más, a menudo descubrirá que la relación entre x e y es similar a $y = 1/x^k$, donde k suele ser un número pequeño, entre 2 y 4.

Este carácter universal de las leyes de la potencia puede parecer sorprendente, pero los matemáticos han demostrado que puede ser el resultado de un simple mecanismo que ellos denominan «los ricos son cada vez más ricos». Suponiendo que una red crezca mediante nuevos nodos, eligiendo siempre conectarse con nodos que ya disponen de un montón de conexiones, es posible ver cómo aparece una relación del tipo $y = 1/x^k$ de forma perfectamente natural.

Los terremotos siguen una ley de la potencia en la que *y* es el número de terremotos de magnitud *x*.

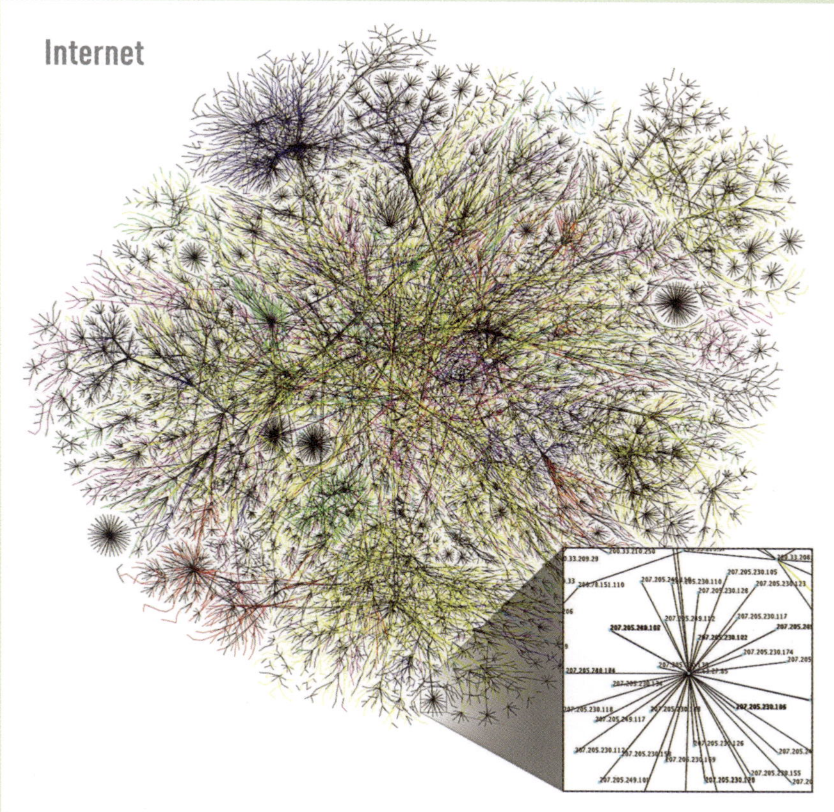

Muchas redes presentan características similares, incluyendo el comportamiento de la ley potencial para la distribución de enlaces. Esta imagen muestra una porción de la red internet, basada en datos de 2005.

3.8 Interés compuesto y *e*

Las deudas son un asunto serio, pero es bueno saber que uno de los números más importantes en matemáticas, *e*, se esconde tras los cálculos del interés.

Suponga que pide prestados 100 € a un interés anual del 100 % (un supuesto poco realista, por cierto). Si el banco calcula el total de la deuda al final del primer año, usted deberá los 100 € iniciales más el importe del interés, otros 100 €. Pero, ¿qué pasa si el banco decide calcular el interés por trimestres, usando un cuarto de la tasa de interés cada vez?

Transcurridos los primeros tres meses deberá: $100 + \frac{1}{4} \times 100 = 100 \times (1 + \frac{1}{4}) = 125$ €.

Al cabo de seis meses deberá: $100 \times (1 + \frac{1}{4}) + \frac{1}{4} \times (100 \times (1+ \frac{1}{4})) = 100 \times (1 + \frac{1}{4})^2 = 156{,}25$ €.

Y después de un año: $100 \times (1 + \frac{1}{4})^4 = 244{,}14$ €, es decir, más del doble del importe del préstamo.

Si el banco **compone** el interés *n* veces al año usando $1/n$ veces la tasa, la deuda se incrementa por un factor de $(1+1/n)^n$. Cuantas más veces lo componga (es decir, cuanto mayor sea el valor de *n*), mayor será su deuda con el banco.

El número *e* se emplea a menudo para reescribir ecuaciones complicadas, describiendo así el incremento de un modo mucho más simple.

Por suerte, existe un límite: *e*. Si calcula este factor de composición para valores más y más elevados de *n*, se acercará cada vez más (pero nunca lo sobrepasará) a un valor de:

$e = 2{,}71828182845904523536028747135266249775724709369995\ldots$

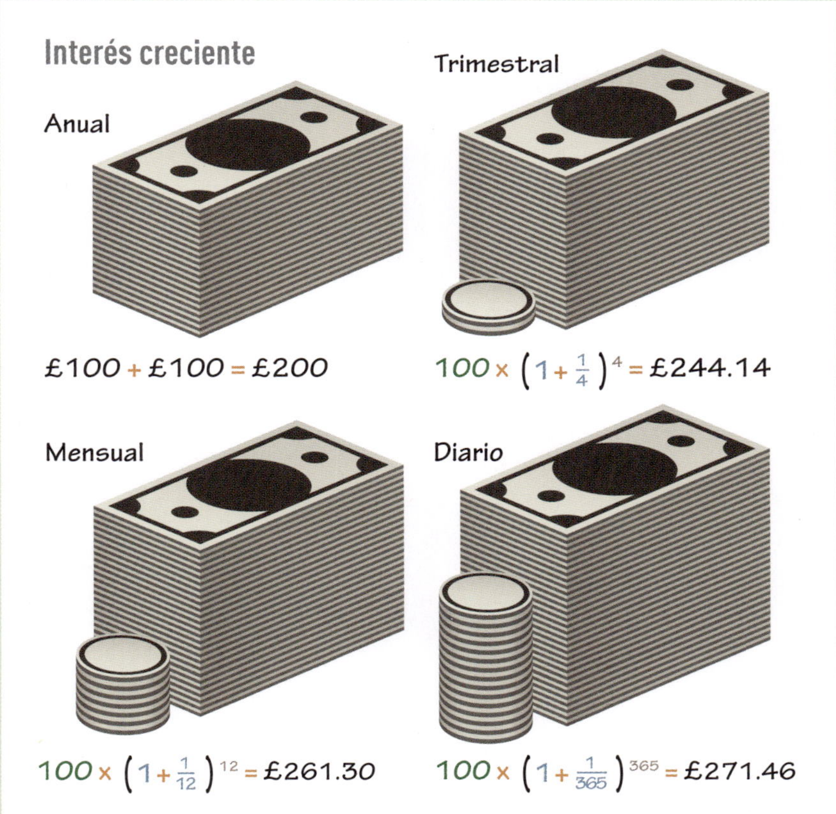

El importe que debe tras un año se incrementa según las veces que se calcule el interés a lo largo de ese periodo. Este incremento o composición del interés es la parte negativa de la deuda y, del mismo modo, la parte positiva del ahorro.

3.9 Identidad de Euler

Pregúntele a un matemático cuál es la ecuación más bonita y es probable que la respuesta sea la identidad de Euler.

Esta es la **identidad de Euler**:

$e^{i\pi} + 1 = 0.$

¿Por qué decimos que es bonita? Una razón es porque esta ecuación contiene importantes números matemáticos: *e*, el número que representa el incremento; *i*, la raíz cuadrada de –1 y el núcleo de los números complejos; π, de los círculos y la geometría, y 0 y 1, los elementos básicos de nuestro sistema numérico.

Otra razón es la simplicidad de la ecuación. Está basada en una fórmula que Leonhard Euler (1707-1783) desarrolló cuando estaba intentando averiguar cómo encajaba el número *i* con el resto de las matemáticas:

$e^{i\theta} = \sin\theta + i\cos\theta.$

Resulta que un número complejo describe la posición de un punto en el plano, y ambos lados de esta ecuación describen el mismo número complejo (*véase* la pág. 79). Obtenemos el punto $e^{i\pi}$ si rotamos 180 grados el ángulo θ (esto equivale a π en *radianes*, otra medida de ángulos), que es el punto (–1,0). De modo que de la fórmula de Euler obtenemos:

$e^{i\pi} = -1 + 0.$

Esto puede recomponerse fácilmente para llegar a la identidad de Euler.

Estos pocos símbolos transmiten con elegancia una riqueza de conocimiento que representa la culminación de siglos de trabajo matemático.

Fórmula de Euler

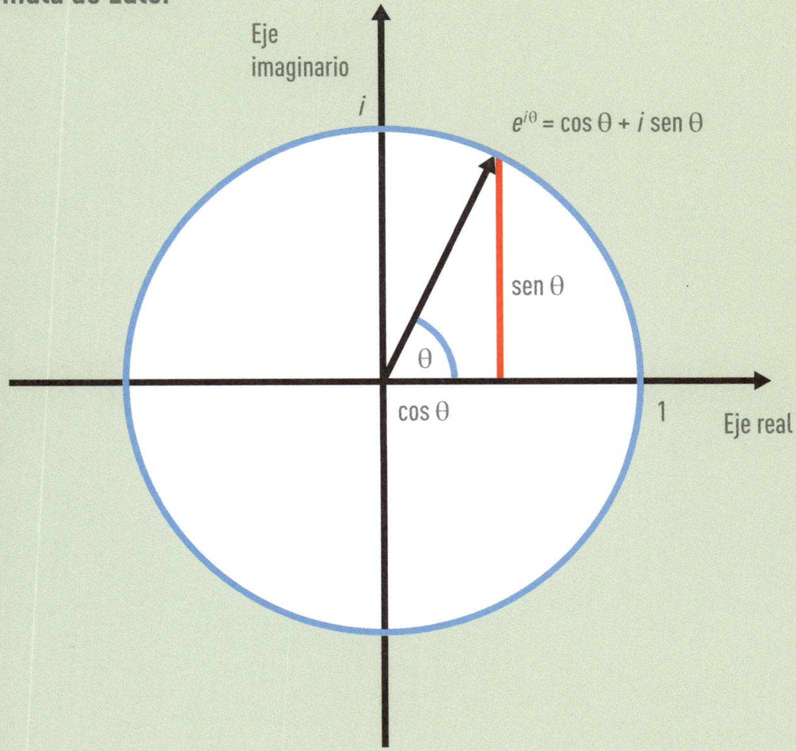

El lado izquierdo de la fórmula de Euler describe la posición de un punto en términos de una flecha que empieza en el origen, que tiene una longitud 1 y que forma un ángulo Θ con el eje horizontal. El lado derecho describe el punto mediante las coordenadas ($\cos \Theta$, $\sin \Theta$).

3.10 El último teorema de Fermat

El último teorema de Fermat es uno de los resultados matemáticos más celebrados del siglo pasado, y está basado en un humilde triángulo rectángulo.

Tal como muestra la imagen de la página 81, existen numerosos triples de números enteros que cumplen con el teorema de Pitágoras. Estos **triples pitagóricos** llevaron al matemático francés del siglo XVII Pierre de Fermat (1601-1665) a preguntarse si existían triples de números enteros para potencias mayores de 2. En otras palabras, números enteros que cumplen:

$a^3 + b^3 = c^3$ or $a^4 + b^4 = c^4$ y así sucesivamente.

Empezó a sospechar que, paradójicamente, no los había. Esta conjetura, según la cual no existen triples de números enteros para potencias mayores de 2, se conoce ahora como *el último teorema de Fermat*.

Fermat anotó esta conjetura en el margen de un libro, terminando con el texto: *He descubierto una demostración realmente maravillosa, pero el margen del libro es muy pequeño para que quepa.*

Este texto tuvo en vilo a los matemáticos más de 350 años, hasta que el matemático británico *sir* Andrew Wiles sorprendió al mundo con una prueba en 1993. De hecho, había demostrado un resultado más general que, como consecuencia, confirmó el último teorema de Fermat. Tras anunciar el resultado, él y un colega suyo tardaron un año más en subsanar algunos errores. La prueba final tiene más de 150 páginas y contiene nuevas técnicas matemáticas que han tenido un gran impacto en el mundo matemático.

Wiles trabajó en secreto, durante siete años en la prueba del último teorema de Fermat.

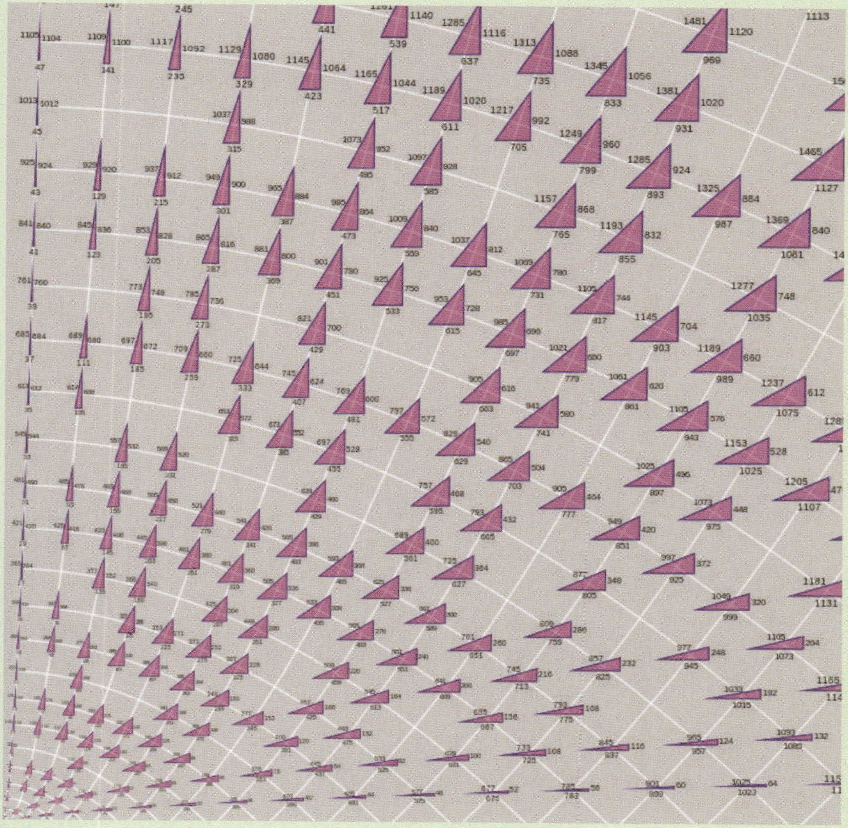

Existen muchos ejemplos de números enteros *a*, *b* y *c* que forman los lados de un triángulo rectángulo. Estos conjuntos de tres números *(a, b, c)* se denominan triples pitagóricos. Algunos ejemplos de estos triángulos, que son infinitos, se ilustran aquí.

LÍMITES

4

A los matemáticos les gusta llevar las cosas al límite. En la vida, igual que en las matemáticas, es bueno saber adónde vamos. En este capítulo analizaremos lo que entendemos de modo intuitivo por una secuencia de pasos que convergen en un destino final.

Primero veremos esta idea en la secuencia numérica más famosa de las matemáticas que, si se sigue hasta el infinito, nos da un número finito que aparece en todas partes, desde las galaxias espirales hasta las hojas de una planta. Este número, llamado proporción áurea o número áureo, también tiene fama de ser el más irracional de todos los números irracionales, un hecho que se revela escribiéndolo de una forma especial, como fracción continua. Escribiendo números de esta manera se revelan las propiedades especiales de los números racionales y también la estructura que muchos números irracionales esconden.

Los destinos finales de las secuencias infinitas se denominan límites. El lenguaje de los límites ha permitido a los matemáticos describir esa gran constante de la vida: el cambio. El cálculo se usa para describir el cambio con una gran fuerza y precisión. Su descubrimiento fue motivo de una de las disputas más amargas del mundo matemático entre sus dos descubridores independientes: Isaac Newton y Gottfried Leibniz.

En este capítulo también descubriremos cómo cortar un pastel en porciones infinitas y cómo, si se divide el tiempo con cuidado, el perdedor (en este caso, una tortuga) puede evitar perder la carrera. Tal vez Newton y Leibniz deberían haber resuelto sus diferencias tomándose un café y cortando un pastel, o bien desafiándose a una carrera.

Contenido

4.1 Fibonacci y ϕ

Una famosa secuencia numérica lleva las matemáticas al límite.

En la siguiente secuencia numérica, cada número (a partir del 2) es la suma de los dos números precedentes:

1, 1, 2, 3, 5, 8, 13, 21, 34, 55, 89, 144, . . .

La secuencia lleva el nombre del matemático italiano Fibonacci (hacia 1170-hacia 1250), que la escribió en 1202. Posee una característica muy interesante: aparece una nueva secuencia cuando cada término se divide por el que lo precede:

$^{1}/_{1}$, $^{2}/_{1}$, $^{3}/_{2}$, $^{5}/_{3}$, $^{8}/_{5}$, $^{13}/_{8}$, $^{21}/_{13}$, $^{34}/_{21}$, $^{55}/_{34}$, $^{89}/_{55}$, $^{144}/_{89}$, . . .

Cuando se escribe en forma decimal (redondeando a cuatro decimales), tiene este aspecto:

1, 2, 1,5, 1,6667, 1,6, 1,6250, 1,6154, 1,6190, 1,6176, 1,6181, 1,6180.

Avanzando por esta nueva secuencia, los números siempre parecen quedarse en la región de 1,618. Se acercan de forma arbitraria a un número muy especial, ϕ (*phi*):

ϕ = 1,618033988. . . , que también se escribe

$$\phi = \frac{(1+\sqrt{5})}{2}$$

El número ϕ aparece en muchas formas geométricas y, junto con la secuencia de Fibonacci, puede verse en los patrones de crecimiento (por ejemplo, de las plantas), por eso es una constante muy célebre de las matemáticas.

ϕ es la proporción áurea o número áureo, y se conoce desde la Grecia antigua. También es el primer ejemplo de un límite.

Espiral de Fibonacci

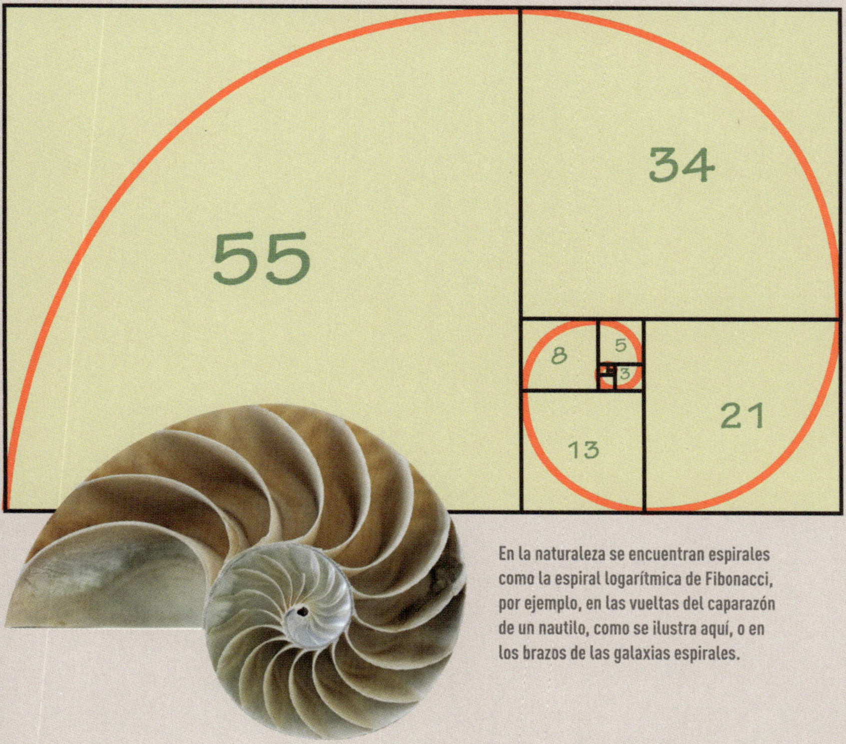

En la naturaleza se encuentran espirales como la espiral logarítmica de Fibonacci, por ejemplo, en las vueltas del caparazón de un nautilo, como se ilustra aquí, o en los brazos de las galaxias espirales.

La espiral de Fibonacci se forma dibujando arcos circulares que unen las esquinas opuestas de cuadrados cuyas longitudes laterales (los números de los cuadrados de la ilustración) proceden de la secuencia de Fibonacci.

4.2 Límites

Muchas secuencias numéricas se acercan a un límite, y pueden hacerlo de maneras distintas.

Considere la siguiente secuencia numérica:

$1/2, 2/3, 3/4, 4/5, 5/6, 6/7, \ldots$

Avanzando por la secuencia, los números se van haciendo cada vez más grandes, pero nunca pasan de 1. Este es un concepto curioso: los números de una secuencia pueden hacerse más y más grandes, pero nunca exceder un límite. Esto se debe a que los pasos mediante los cuales los números crecen se hacen más y más pequeños, y ningún paso es lo suficientemente grande para sobrepasar el 1. Las secuencias decrecientes presentan un comportamiento similar:

$1/2, 1/3, 1/4, 1/5, 1/6, 1/7, \ldots$

En este caso, los números se van haciendo cada vez más pequeños, pero nunca bajan del 0. Incluso hay secuencias oscilantes que se comporten de modo similar, por ejemplo:

$1/2, -1/3, 1/4, -1/5, 1/6, -1/7, 1/8, -1/9, \ldots$

Aquí los números aumentan en un paso pero decrecen en el siguiente. De todos modos, no saltan de forma aleatoria, sino que se concentran en el 0.

Arquímedes, famoso por exclamar «¡Eureka!» en la bañera, fue uno de los primeros matemáticos que utilizó límites.

Esto ilustra uno de los conceptos más importantes de las matemáticas: las secuencias numéricas pueden **converger** a cierto **límite**. Esta idea es fundamental para el cálculo (*véase* el Tema 4.4), el motor principal que hay detrás de una inmensa serie de aplicaciones matemáticas. Sin los límites, las propias matemáticas serían limitadas.

Secuencia oscilante

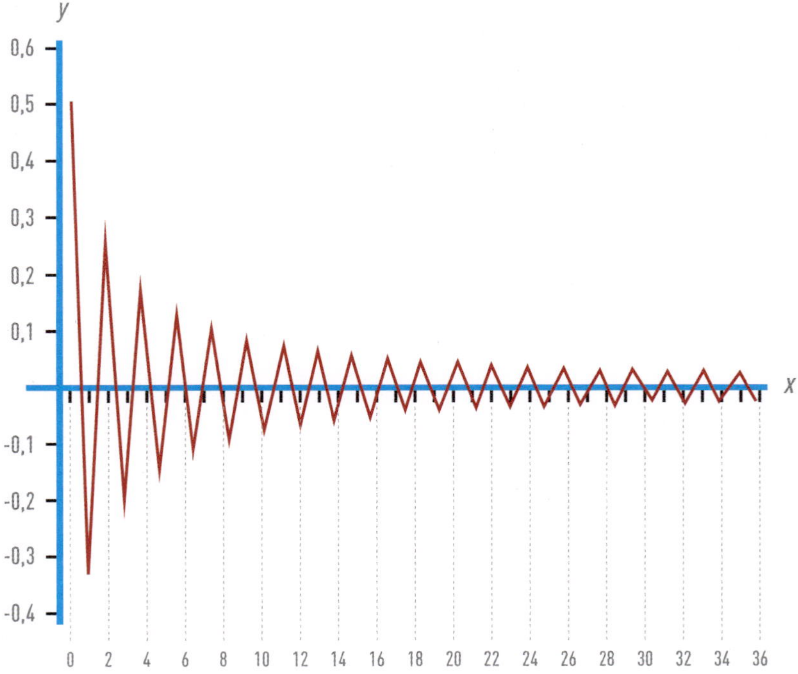

Esta gráfica ilustra la secuencia oscilante ½, −⅓, ¼, −⅕,. . .
Los puntos se aproximan al 0 desde ambos lados del eje x, sin llegar a alcanzarlo jamás.

4.3 Definición de límite

De forma intuitiva se entiende lo que se quiere decir con que una secuencia numérica converge a un límite, pero describirlo con palabras supone todo un desafío.

Esta es la correcta definición de **límite**. No se asuste, verá que realmente es muy ingenioso:

«Una secuencia numérica converge a un límite *x* si, dado *cualquier* número positivo ε (la letra griega épsilon), que puede ser todo lo pequeño que se quiera, puede encontrarse un número *N*, que puede ser todo lo grande que se quiera, para que todos los términos de la secuencia posteriores a un término *N* se hallen a una distancia ε de *x*».

La idea es esta: siempre que escoja un número ε, que podría ser realmente pequeño, pongamos 0,0000001, siempre existirá un número en la secuencia, llamémosle *a*, que se hallará a una distancia ε de *x*. Esto expresa el hecho de que los números de la secuencia se acercan de forma arbitraria al límite *x*. El número *N* está ahí para descartar la posibilidad de que después de *a* la secuencia se desvíe de nuevo de *x*.

Los intentos por definir un límite de cualquier otra forma pronto se encontrarán con dificultades. Es con esta definición con la que el lenguaje matemático revela su verdadero potencial.

Todo matemático sabe que ε siempre es un número muy pequeño.

Acercándose a un límite

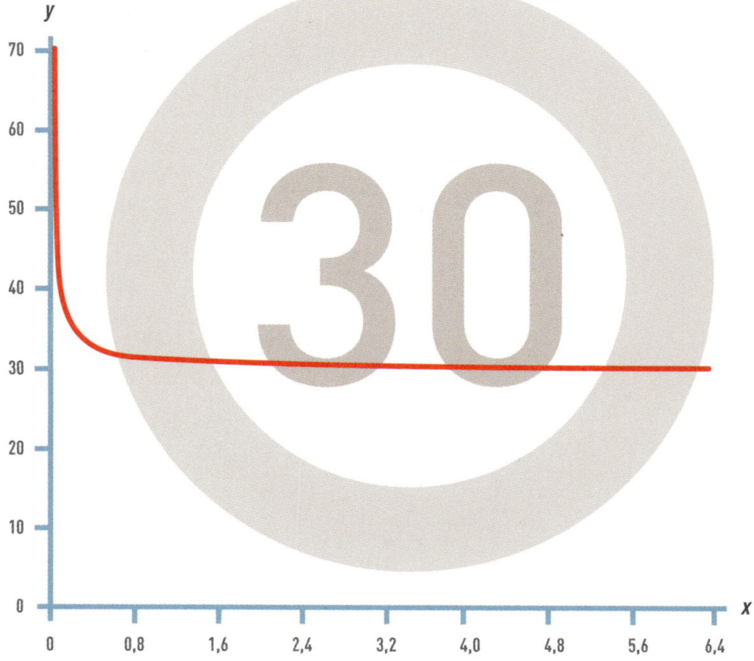

Esta gráfica rastrea el valor de la secuencia 30 + 1/*x* para *x* = 1, 2, 3,. . . Hay que seguir hasta el término 10 000 000 para acercarse a 0,0000001 del límite 30. Todos los términos posteriores a este punto se hallan en esta distancia de 30.

4.4 Tasas de cambio y cálculo

Se dice que, en la vida, la única constante es el cambio, por ello es esencial comprender cómo cambian las cosas. El cálculo ofrece la forma perfecta de describirlo.

Experimentamos **tasas de cambio** en todas las esferas de la vida: la velocidad es la tasa de cambio de la distancia, la aceleración describe la tasa de cambio de la velocidad, y la potencia es la tasa de cambio de un trabajo. Todo ello se mide con respecto al tiempo.

Para calcular estas tasas de cambio es necesario desglosar el tiempo en porciones. Por ejemplo, una porción podría cubrir el tiempo que tarda en subir una escalera de mano. A continuación, la tasa de cambio de la distancia cubierta simplemente sería la longitud de la escalera multiplicada por esa unidad de tiempo. Se puede seguir desglosando el tiempo, por ejemplo, para cada peldaño de la escalera. En ese caso, la tasa de cambio de la distancia recorrida sería la longitud entre dos peldaños multiplicada por la nueva unidad de tiempo. La tasa será constante si tarda el mismo tiempo en subir cada peldaño, pero si se cansa y empieza a subir más despacio, la tasa de cambio de la distancia cubierta disminuirá, aun cuando siga avanzando con cada paso.

El **cálculo** es el procedimiento que consiste en calcular la tasa de cambio de una cantidad, dejando que los pasos de tiempo se vayan haciendo más y más pequeños —hasta llegar a ser **infinitesimales**— hasta el punto de que pueda calcularse la tasa de cambio en cualquier momento.

No podemos emplear el cálculo para esquinas agudas, rupturas o saltos: la cantidad debe variar de forma gradual.

Diversión en el parque

Para entender el placer del cálculo, piense en los diversos estadios que conlleva deslizarse por un tobogán: primero sube la escalera, después puede que se detenga un momento en lo alto, antes de deslizarse a toda velocidad por el tobogán.

4.5 Serie geométrica

¿Cómo se divide un pastel entre infinitas personas? La respuesta está en la serie geométrica.

Cuando se reparte un pastel como se indica en la ilustración de la página 95, cada persona recibe un trozo que es la mitad de la porción que se dio a la persona anterior. La primera persona recibe la mitad del pastel, la segunda la mitad de la mitad:

$\frac{1}{2} \times \frac{1}{2} = \frac{1}{4} = \frac{1}{2^2}$,

y el tamaño de la porción de la persona n es $\frac{1}{2^n}$.

Si sumamos la secuencia del tamaño de las porciones, el resultado es lo que se llama **serie geométrica**:

$\frac{1}{2} + \frac{1}{4} + \frac{1}{8} + \frac{1}{16} + \frac{1}{32} + \ldots + \frac{1}{2^n} + \ldots$,

y esto tiene que sumar 1: el pastel entero.

Paradójicamente, una suma infinita puede tener un resultado finito. En una serie geométrica, cada término es una razón constante, r, multiplicada por el término anterior. En general, una serie geométrica tiene una suma finita solo si la razón r es estrictamente menos de 1.

El total del pastel repartido después de las primeras n porciones es $1 - \frac{1}{2}n$.

Dé a la primera persona la mitad del pastel; dé a la segunda persona la mitad de la mitad restante; dé a la siguiente persona la mitad de lo que queda, y así sucesivamente. Después de cada corte, siempre quedará un poco de pastel.

4.6 Sumas infinitas y convergencia

El tema anterior sugiere que la suma de una suma infinita es igual a 1, pero ¿qué queremos decir con que una suma infinita tiene un valor finito?

Considere las **sumas parciales** de una suma infinita, es decir, las sumas que se forman añadiendo un término más cada vez. La suma parcial *n* de la serie geométrica de la página anterior es:

$$S_n = \tfrac{1}{2} + \tfrac{1}{4} + \tfrac{1}{8} + \tfrac{1}{16} + \tfrac{1}{32} + \ldots + \tfrac{1}{2^n}.$$

Estas sumas parciales forman una secuencia numérica S_1, S_2, S_3, y así sucesivamente. Sabemos lo que significa que una secuencia de números converja (*véanse* los Temas 4.2 y 4.3). Si una secuencia de sumas parciales converge a un límite, entonces decimos que la suma infinita **converge**.

Por supuesto, para que una suma infinita tenga una respuesta finita los términos deben ser cada vez más pequeños, aunque esto no siempre es suficiente. Por ejemplo, la **serie armónica**:

$$1 + \tfrac{1}{2} + \tfrac{1}{3} + \tfrac{1}{4} + \tfrac{1}{5} + \ldots$$

no converge a un límite finito, aunque los términos individuales $\tfrac{1}{n}$ se van acercando al cero. Esto se debe a que las sumas parciales de la serie no convergen. De hecho, las sumas parciales se van volviendo infinitamente grandes, por ello decimos que esta suma es **divergente**.

La serie armónica diverge de forma muy lenta: ¡tiene que añadir más de 10^{43} términos para obtener una suma parcial que sume más de 100!

Serie armónica

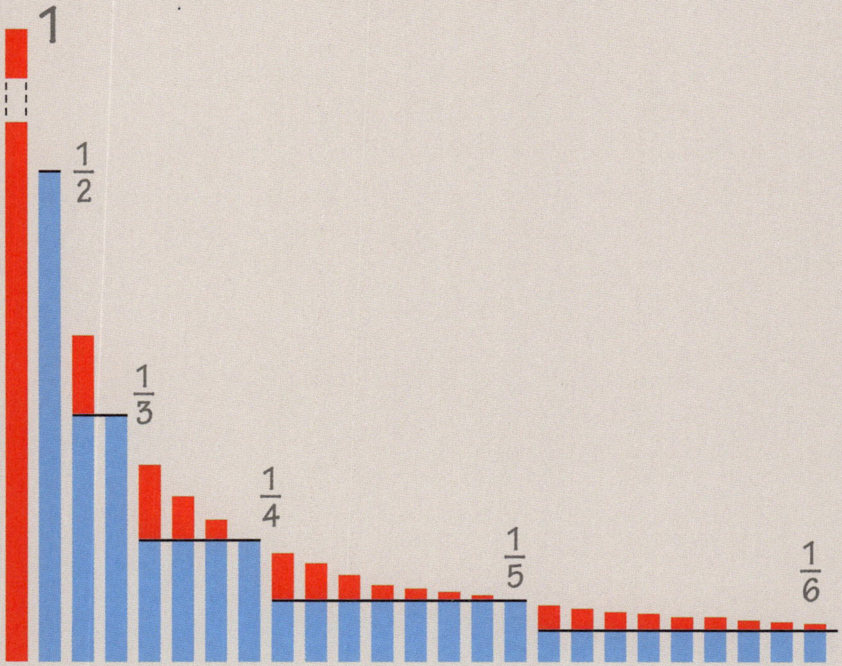

La suma de la serie armónica es divergente.

Los términos de la serie armónica pueden dividirse en grupos, en que cada uno suma más de una mitad. Esto puede verse en esta imagen, donde las barras azules de cada grupo suman exactamente ½. Sumando más mitades de forma infinita se obtiene una respuesta de infinito.

4.7 Sumas infinitas extrañas

Las cosas se ponen muy interesantes con las sumas infinitas.

Considere la siguiente serie infinita:
$S = 1 - 1 + 1 - 1 + 1 - 1 + \ldots$

Podemos agrupar los términos por parejas, como sigue:
$S = (1 - 1) + (1 - 1) + (1 - 1) + \ldots$

Calculando los resultados de cada paréntesis en:
$S = 0 + 0 + 0 + \ldots$

Así que parece que S es igual a 0. Pero, qué pasa si escribimos S como:

$$S = 1 + (-1 + 1) + (-1 + 1) + (-1 + 1) + \ldots$$

El resultado es $S = 1 + 0 + 0 + 0 + \ldots$, así que S debería ser igual a 1.

Por todo ello, existen buenas razones para creer que la suma es igual tanto a 0 como a 1. Esto se debe al hecho de que la suma infinita no converge en el sentido normal que vimos en el Tema 4.6. Estas sumas **divergentes** se prestan a todo tipo de juegos divertidos. Y las cosas se vuelven todavía más extrañas cuando examinamos la **serie armónica alternada**:

$$1 - \tfrac{1}{2} + \tfrac{1}{3} - \tfrac{1}{4} + \tfrac{1}{5} - \tfrac{1}{6} + \ldots$$

Simplemente cambiando el orden de los términos puede hacer que la serie converja (en el sentido normal) a cualquier número que desee, lo que prueba que hay que tratar las sumas infinitas con mucho cuidado.

Cuando se suma en su orden normal, la serie armónica oscilante converge a $ln(2) \approx 0{,}69$.

Efecto Casimir

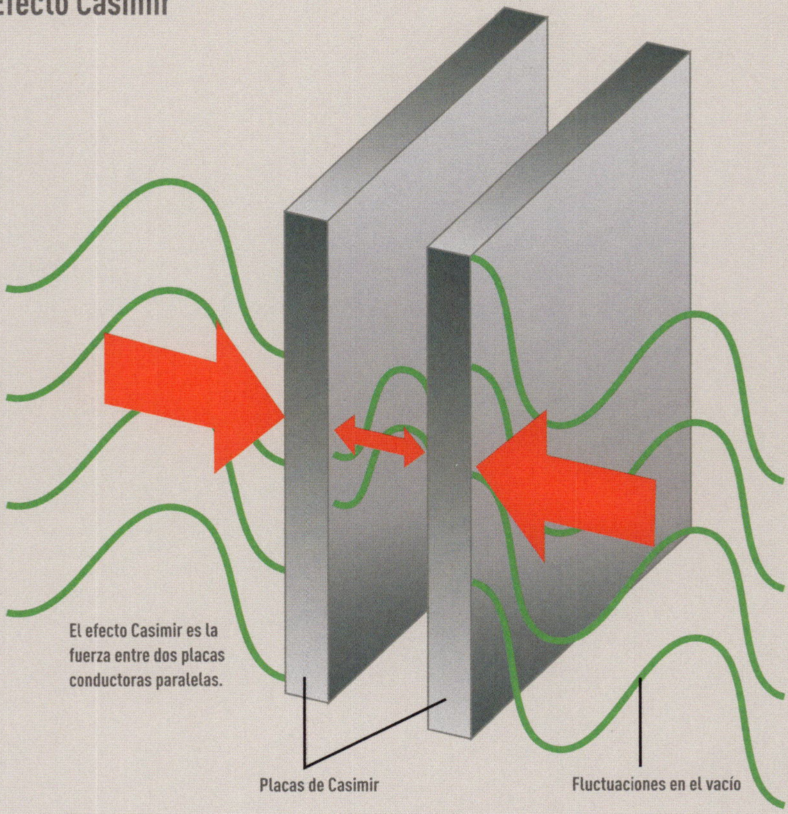

Es posible demostrar que 1 + 2 + 3 + 4 + 5 + . . . = −½. Sumas infinitas divergentes como esta entran en el reino de la física. Que una cantidad finita resulte en una suma infinita predice el efecto Casimir. Los experimentos confirman este ejemplo de prestidigitación matemática.

4.8 Paradoja de Zenón

El antiguo filósofo Zenón de Elea planteó una paradoja que aún nos desconcierta: ¿cómo es posible que una tortuga corriera más que el guerrero griego Aquiles?

Supongamos que la carrera está dispuesta como en la imagen de la página 101. Al cabo de un minuto, Aquiles alcanza el punto $T_0 = 100$ m, donde empezó la tortuga. En ese momento, la tortuga ya ha avanzado 1 metro, así que se encuentra en el punto $T_1 = 101$ m. Aquiles llegará a T_1 al cabo de 0,01 minutos; para entonces la tortuga habrá avanzado otros 0,01 m y se encontrará en el punto $T_2 = 101{,}01$ m, y así sucesivamente.

Cada vez que Aquiles llega al punto donde estaba la tortuga por última vez, esta ha avanzado y parece que Aquiles no la alcanzará nunca. Pero sabemos que debería finalizar la carrera en 1000/100 = 10 minutos, mientras que la tortuga cruzará la línea de meta más tarde, en (1000/100)/1 = 900 minutos.

La distancia de Aquiles, tal como la describe Zenón, se puede escribir así:

$$100 + 1 + 0{,}01 + 0{,}001 + 0{,}0001 + \ldots$$

Se trata de una **serie geométrica** (*véase* el Tema 4.5). Como la razón de esta serie, $r = 0{,}01$, es inferior a 1, sabemos que esta suma infinita convergerá. De hecho, converge a 101,010101 . . ., un punto 1,010101 . . . minutos después del inicio de la carrera, y el punto en el que Aquiles alcanzará a la tortuga. Zenón está dividiendo el tiempo y la distancia en segmentos cada vez más pequeños, creando la impresión de que ese punto nunca se alcanza.

En realidad, Zenón lentifica el tiempo, por eso Aquiles nunca consigue pasar delante de la tortuga.

Carrera

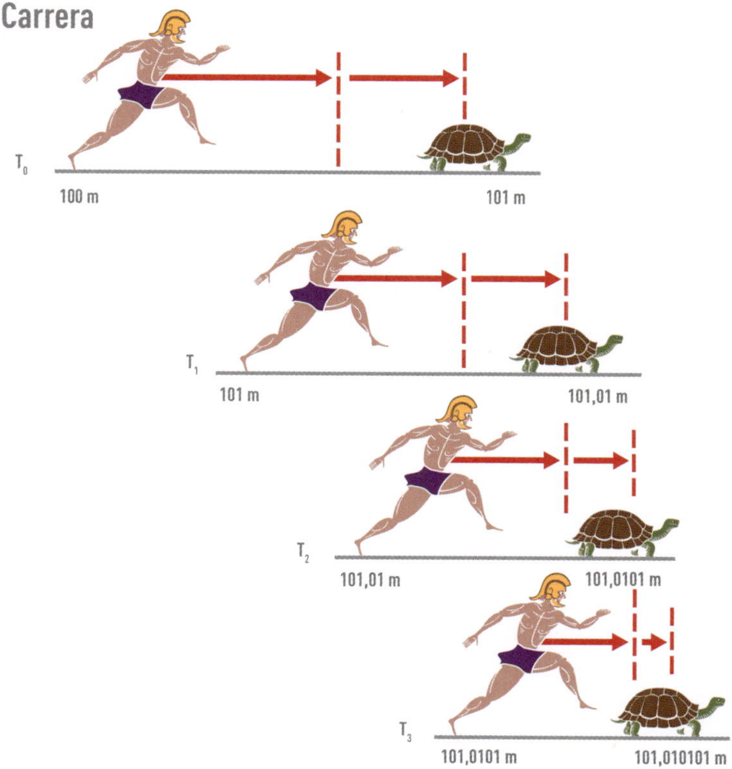

Aquiles compite con la tortuga en una carrera de 1000 metros. Corre 100 metros por minuto y la tortuga avanza 1 metro por minuto. La tortuga es tan lenta que ha empezado con una ventaja de 100 metros. ¿Quién gana la carrera?

4.9 Fracciones continuas

Todo número puede escribirse como fracción continua, es decir, una serie de fracciones anidadas. Las fracciones continuas de los números racionales son finitas, y las de los números irracionales, infinitas.

Aunque un número irracional no puede escribirse como una simple fracción, se le puede aproximar: por ejemplo, π (*pi*) es aproximadamente $^{22}/_{7}$. Una fracción $^{p}/_{q}$ es una buena aproximación a un número irracional x si no existe una fracción que se acerque más a x con un denominador menor q. Y en este sentido es la **fracción continua** de un número la que ofrece las mejores aproximaciones. Estas se pueden calcular cortando una fracción continua infinita. Por ejemplo, las cinco primeras buenas aproximaciones de:

$$\pi = 3 + \cfrac{1}{7 + \cfrac{1}{15 + \cfrac{1}{1 + \cfrac{1}{292 + \cfrac{1}{}}}}}$$

se obtienen de cortar la fracción continua en el nivel 1, 2, 3, 4 y 5, para llegar a:

3, $^{22}/_{7}$, $^{333}/_{106}$, $^{355}/_{113}$, $^{103993}/_{33102}$.

Esta pauta no se encuentra en la fracción continua estándar de π.

Estas aproximaciones se acercan al valor real de π de forma muy rápida, difiriendo en torno a 0,141, 0,001, 0,0008, 0,0000003 y 0,0000000006. Las buenas aproximaciones a π surgen porque aparecen números grandes en la fracción continua de π. Si los números que se ven en la fracción continua están limitados (es decir, nunca sobrepasan un número fijo determinado), esto se denomina **difícil de aproximar** y, en cierto sentido, indica la irracionalidad del número.

$$\phi = 1 + \cfrac{1}{1+\cfrac{1}{1+\cfrac{1}{1+\cfrac{1}{1+\cfrac{1}{1+\cfrac{1}{1+\cfrac{1}{1+\cfrac{1}{1+\cfrac{1}{}}}}}}}}}$$

Fracción continua de ϕ: esta pauta demuestra que ϕ es el número más irracional de todos los irracionales.

Expansión decimal de ϕ:

$$\phi = 1{,}61803\ldots$$

Aproximaciones racionales de ϕ:

$$\frac{1}{1}, \frac{2}{1}, \frac{3}{2}, \frac{5}{3}, \frac{8}{5}, \frac{13}{8}, \frac{21}{13}, \ldots$$

La fracción continua de ϕ sigue una bonita pauta que no es evidente en su expansión decimal. Solo aparecen números 1 en su fracción continua, lo que lo convierte en el número más irracional de todos los irracionales.

4.10 ¿Quién inventó el cálculo?

La invención del cálculo conllevó una amarga disputa entre sus dos protagonistas principales.

La invención del **cálculo** se debe en gran parte a dos hombres: el inglés Isaac Newton (1643-1727) y el alemán Gottfried Wilhelm Leibniz (1646-1716), dos genios de las matemáticas.

Newton publicó su versión del cálculo en 1687, en su obra monumental *Philosophiæ Naturalis Principia Mathematica*. Tres años antes, en 1684, Leibniz había publicado su primer artículo sobre el tema. Sin embargo, Newton arguyó que ya había elaborado los conceptos básicos del cálculo hacia 1666, a la temprana edad de 23 años. El problema no es quién llegó antes —nadie duda de que fue Newton—, sino si Leibniz desarrolló sus ideas de forma independiente.

Existen pruebas que sugieren que Leibniz conocía la obra de Newton y que más tarde intentó ocultar este hecho. Pero Newton tampoco es del todo inocente. La Royal Society investigó la disputa y, en 1713, publicó un informe a favor de Newton ¡redactado por el propio Newton!

En la actualidad, los historiadores están de acuerdo en que Leibniz descubrió el cálculo independientemente de Newton. En cierto sentido, Leibniz incluso ganó la disputa, puesto que la notación que inventó para expresar su cálculo era tan accesible que la seguimos utilizando hoy día.

Las aportaciones de Newton no se limitan a las matemáticas, sino que también abarcan otros campos, como la óptica y la astronomía.

$$\dot{x} \quad \ddot{x} \quad \dddot{x} \quad \dot{x}^n \quad \dot{x}^2 \quad \dot{x}^3$$

$$dx \quad d^2x \quad d^3x \quad d^nx \quad dx^2 \quad dx^3$$

$$\frac{\dot{u}}{\dot{x}} \quad \frac{\ddot{u}}{\dot{x}^2} \quad \frac{\ddot{u}}{\dot{x}^3}$$

$$\frac{du}{dx} \quad \frac{d^2u}{dx^2} \quad \frac{d^3u}{dx^3}$$

$$\frac{\ddot{u}}{\dot{x}\dot{y}} \quad \frac{\dddot{u}}{\dot{x}^2\dot{y}} \quad \left(\frac{\dot{y}}{\dot{z}}\right)^{\therefore}$$

$$\frac{d^2u}{dx.dy} \quad \frac{d^3u}{dx^2.dy} \quad d^3\left(\frac{dy}{dz}\right)$$

Newton (a la izquierda) y su versión del cálculo, y Leibniz (a la derecha) con la suya.

AZAR

5

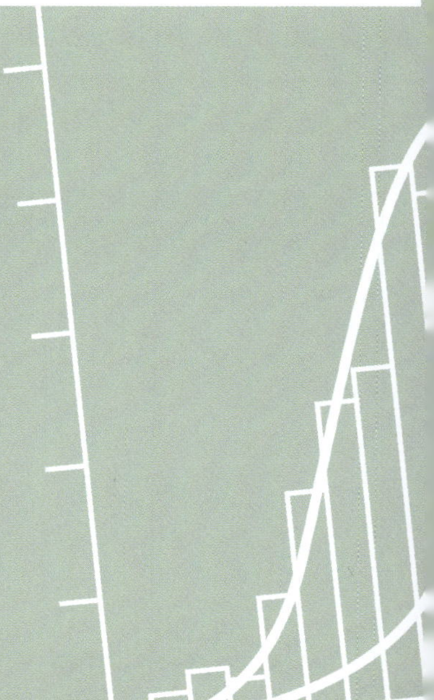

El azar es un asunto delicado. Es impredecible por definición, de modo que a simple vista parece imposible abordarlo de una forma racional. Sin embargo, las matemáticas ayudan a entender un poco mejor su extraño mecanismo.

En este capítulo averiguaremos cómo definir la probabilidad de que algo ocurra, por qué la probabilidad de ganar la lotería es tan increíblemente baja y en qué consisten algunas leyes matemáticas básicas de cálculo de probabilidades. Analizaremos el concepto de aleatoriedad y descubriremos cómo un único número puede cifrar su nombre, dirección y secuencia de ADN completa. Veremos cómo una serie infinita de monos pulsando las teclas de infinitas máquinas de escribir podrían reproducir la obra completa de Shakespeare.

Asimismo, descubriremos que la teoría de la probabilidad resulta esencial en contextos que nos afectan a todos. Aprenderemos a testar la eficacia de un fármaco y sabremos por qué con una encuesta de opinión es posible saber lo que piensa la población de todo un país pasando un cuestionario a un número relativamente pequeño de personas. Examinaremos cómo los científicos cuantifican la inevitable incertidumbre de sus resultados con los niveles de significación y los intervalos de confianza.

También veremos cómo se pueden manipular las estadísticas combinando distintas formas de hablar sobre el riesgo y haciendo que los resultados no deseables parezcan menores que los beneficiosos. Por último, examinaremos un aspecto fundamental de cualquier serie policiaca que se precie como es la prueba del ADN, y aprenderemos por qué emparejar una muestra de ADN descubierta en la escena del crimen no necesariamente equivale a una culpabilidad más allá de cualquier duda razonable.

Contenido

5.1 Simetría y frecuencia

La probabilidad de que al lanzar una moneda al aire salga cara es del cincuenta por ciento, pero ¿cómo lo sabemos?

Una forma de definir la probabilidad de que salga cara al lanzar una moneda al aire es tener en cuenta la simetría de la moneda. Si su simetría es perfecta, no hay probabilidad de que una cara salga más veces que la otra, así que la probabilidad de que salga cara o cruz debería de ser la misma. Además, no hay otro resultado posible aparte de cara o cruz.

Por tanto, partiendo de un total de uno, esto da la probabilidad de la mitad para cara y la mitad para cruz. Siguiendo el mismo razonamiento, la probabilidad de obtener cualquiera de los seis números de un cubo perfectamente equilibrado es de una entre seis.

Pero no todos los procesos del mundo son simétricos, lo que nos lleva a otra forma de evaluar las probabilidades. Repita el proceso (por ejemplo, lanzar una moneda al aire) un número elevado de veces y calcule la proporción (también llamada **frecuencia relativa**) de obtener cierto resultado (pongamos que la cara). La idea que hay tras esta interpretación **frecuentista** de la probabilidad es que esta proporción se aproxima a la probabilidad «verdadera» del resultado. Se trata de una idea que se emplea a menudo en ciencia. Por ejemplo, cuando su médico le dice que tiene un cinco por ciento de probabilidades de contraer una enfermedad es porque, de un grupo de personas como usted, un cinco por ciento enfermaron.

La probabilidad de adivinar uno de los 13 983 816 posibles resultados del sorteo de la lotería es de 1/13 983 816, o de una entre 14 millones.

Si un dado está perfectamente equilibrado, cada una de las seis caras tiene la misma probabilidad de salir que las otras. La probabilidad de obtener cualquiera de los seis números es, pues, de $1/6$ (uno dividido por los seis resultados posibles).

5.2 Aleatoriedad y normalidad

Aunque en general intuimos qué es la aleatoriedad, resulta sorprendentemente difícil definir este concepto de forma matemática.

Decimos que algo es aleatorio cuando es imprevisible, como el resultado de lanzar una moneda al aire. No obstante, si tira una moneda diez veces seguidas, tiene la misma probabilidad de obtener diez veces cara como cualquier otra combinación específica de diez lanzamientos.

Esta idea llevó en 1909 al primer intento de definir la aleatoriedad de forma matemática. Émile Borel (1871-1956) describió un número con una expansión decimal infinita como **normal** si todos los dígitos aparecían con la misma frecuencia (una décima parte de las veces), todos los pares de dígitos con la misma frecuencia (una centésima parte de las veces), y así sucesivamente. Si decidiera los dígitos de un número lanzando un dado de diez caras, el número resultante sería normal. La normalidad se emplea como prueba de la aleatoriedad: si un número no es normal, su secuencia de dígitos no se considera aleatoria. Borel demostró que la mayoría de los números son normales, pero no pudo dar un ejemplo real de uno de ellos. Un estudiante universitario, D. G. Champernowne, por fin dio el primer ejemplo en 1933:

0,1234567891011121314151617181920212223. . .

Este número expone los dígitos de todo número entero después del lugar decimal. Además de no favorecer a ninguna combinación en concreto, la normalidad también significa que podría aparecer cualquier combinación. Por todo ello, tanto este como todo número normal contienen en su interior el código numérico de su edad, número de teléfono y secuencia de ADN.

Para que un número sea aleatorio tiene que ser normal, pero no todos los números normales son aleatorios.

Teorema del mono infinito

Tenemos que agradecer a Borel la idea que le llevó al teorema del mono infinito, que sostiene que un grupo infinito de monos pulsando las teclas de unas máquinas de escribir a la larga llegarían a reproducir la obra completa de Shakespeare.

5.3 Reglas de probabilidad

La probabilidad puede ser un concepto algo escurridizo, pero en matemáticas existen reglas estrictas para conocer su funcionamiento.

En matemáticas siempre se asume que la probabilidad de que un evento ocurra es un número entre 0 (no hay ninguna probabilidad de que ocurra) y 1 (seguro que ocurrirá).

Existen algunas reglas básicas. Si dos eventos independientes A y B tienen probabilidades P(A) y P(B), respectivamente, entonces la probabilidad de que o bien A o bien B ocurran es:

$$P(A \text{ o } B) = P(A) + P(B).$$

La probabilidad de que tanto A como B ocurran es:

$$P(A \text{ y } B) = P(A) \times P(B).$$

De modo que si A es el evento de sacar un 2 en un dado equilibrado y B el de sacar un 3, entonces la probabilidad de sacar un 2 o un 3 es: $P(2 \text{ o } 3) = P(2) + P(3) = 1/6 + 1/6 = 1/3$.

La probabilidad de sacar un 2 y un 3 en dos lanzamientos del dado es: $P(2 \text{ y } 3) = 1/6 \times 1/6 = 1/36$.

Ambas reglas tienen sentido: juntos, 2 y 3 forman un tercio del conjunto de posibles resultados de un lanzamiento (1 entre 6), así que la probabilidad de sacar uno de ellos debería ser 1/3 (*véase* el Tema 5.1). Con los dos lanzamientos existen 6 x 6 = 36 posibles resultados. Sacar un 2 y un 3 es uno de estos resultados, así que P(2 y 3) debería ser, efectivamente, 1/36.

Las probabilidades de que un proceso dé resultados mutuamente excluyentes siempre suman 1.

Probabilidades del lanzamiento simultáneo de dos dados

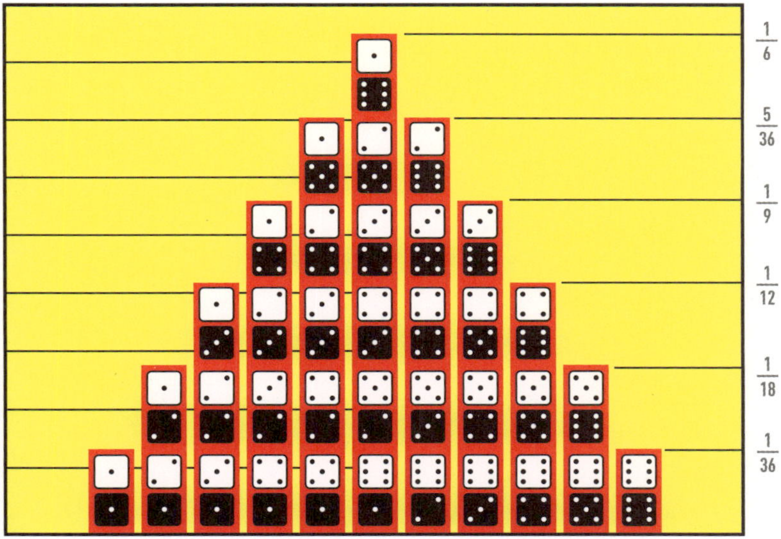

$$2\times\frac{1}{36}+2\times\frac{1}{18}+2\times\frac{1}{12}+2\times\frac{1}{9}+2\times\frac{5}{36}+\frac{1}{6}=1$$

Esta pirámide muestra los posibles resultados de lanzar dos dados: las probabilidades de sacar dos 1 o dos 6, por ejemplo, son de 1 entre 36; las probabilidades de sacar un 5 y un 6 son de 1 entre 18, y así sucesivamente. La suma de las probabilidades de los distintos resultados es 1.

5.4 Teorema de Bayes

Sería poco prudente ignorar las pruebas. Por suerte, el teorema de Bayes nos permite poner al día nuestros convencimientos cuando surgen nuevas pruebas.

Una enfermedad determinada afecta a un 1 % de la población. Existe un test para diagnosticarla, pero no es perfecto: da un resultado positivo para el 90 % de las personas que la padecen, pero también para un 5 % de las sanas. Le acaban de comunicar que el resultado de su test es positivo: ¿cuál es la probabilidad de que padezca usted la enfermedad? Muchos dirían que un 90 %, pero en realidad las probabilidades se acercan más al 15 %.

La **probabilidad condicional** es la de que un evento A ocurre, dado otro evento B que ya ha ocurrido, y se escribe: P(A | B). El **teorema de Bayes**:

$$P(A \mid B) = P(A) \times P(B \mid A)/P(B)$$

permite hacer cálculos con probabilidades condicionales, actualizando su convencimiento original sobre la probabilidad de A, dada la nueva prueba de B, de que el resultado de su test es positivo: P(enfermedad | positivo).

Nuestro convencimiento de que padecíamos la enfermedad antes del test era P (enfermedad) = 0,01. Puede calcular que P (positivo) es 0,0585 (esto combina la proporción de personas enfermas que dan correctamente positivo y la proporción de personas sanas que dan incorrectamente positivo en el test). También sabemos que P(positivo | enfermedad) = 0,9. Utilizando estas cifras, el teorema de Bayes dice:

$$P(\text{enfermedad} \mid \text{positivo}) = P(\text{enfermedad}) \times P(\text{positivo} \mid \text{enfermedad})/P(\text{positivo}) = 0{,}01 \times 0{,}9/0{,}0585 = 0{,}154.$$

El teorema de Bayes recibe su nombre de Thomas Bayes (1702-1761), un pastor presbiteriano que también era matemático.

Demostración del teorema de Bayes

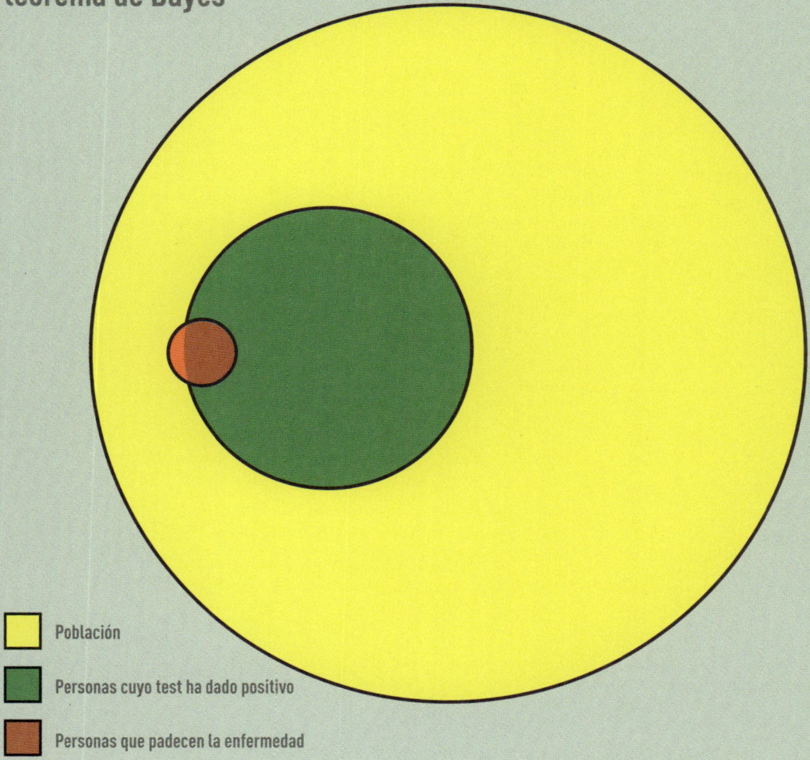

La intersección de los círculos verde y naranja representa la proporción de personas que padecen la enfermedad y que han dado positivo en el test, entre todas las personas que han dado positivo en el test.

5.5 La ley de los grandes números

La ley de los grandes números es algo que todos conocemos de modo intuitivo, pero que a menudo malinterpretamos.

Según la ley de los grandes números, repetir un proceso un gran número de veces producirá resultados que reflejan las probabilidades subyacentes. Por ejemplo, al lanzar una moneda al aire la proporción de caras debería ser más o menos la mitad, reflejando el hecho de que la probabilidad de que salga cara en un único lanzamiento es de la mitad.

Esta idea suele malinterpretarse. Si acaba de lanzar la moneda 99 veces y en todas ellas ha salido cara, ¿acaso la ley de los grandes números no implica que existe una gran probabilidad de que en el centésimo lanzamiento salga cruz? Al fin y al cabo, la ley de los grandes números implica que la proporción de las cruces debería acercarse lo más posible a la mitad.

La respuesta es «no». La probabilidad de que en el próximo lanzamiento salga cruz sigue siendo la mitad. Según la ley de los grandes números, a medida que el número de lanzamientos de su moneda avanza hacia el infinito la proporción de caras convergerá a 0,5 (*véase* el Tema 4.2).

Pero esto permite la probabilidad de que la proporción de caras solo se acerque al 0,5 después de, pongamos por caso, realizar un millón, mil millones o un billón de lanzamientos. No existe obligación ninguna de que se acerque al 0,5 en el centésimo lanzamiento.

El camino hasta el infinito es muy largo, ¡y muy rápido para perder dinero si no va con cuidado!

No confíe en la ley de los grandes números para decidir qué cara escoger la próxima vez que lance una moneda al aire.

¿Cara o cruz?

Cada vez que lanza una moneda al aire tiene exactamente las mismas probabilidades de que salga cara o cruz.

5.6 Distribución normal

Una idea fundamental de la estadística es que puede llegarse a una conclusión sobre una población entera basándose en una pequeña muestra. Pero, ¿cómo sabemos que esto realmente funciona?

Suponga que ha calculado la estatura media de una muestra aleatoria de 30 personas y el resultado es de 75 cm. Sabrá que algo raro ha ocurrido: de algún modo, su muestra habrá incluido a un montón de gente bajita. Pero, ¿cómo se plantearía el hecho de que un resultado tan inusual pueda darse en cualquier estudio que no incluya al total de la población?

La respuesta proviene de un hecho casi milagroso. Suponga que tomó muestras aleatorias de un montón de grupos de 30 personas, calculó el promedio para cada grupo y registró cuántas veces ocurre cada promedio en un gráfico de frecuencias. A continuación, e independientemente de lo que esté midiendo —ya sea la estatura, un índice de aprobación o los ingresos de un hogar—, el gráfico de frecuencias siempre tendrá el aspecto aproximado de una curva en forma de campana. Cuantas más personas incluyan sus muestras, más cerca estará de este tipo de curva. La parte superior de la campana, que corresponde al promedio más veces observado, es el promedio verdadero de toda la población estudiada.

Las curvas en forma de campana son ejemplos de la distribución normal y el hecho milagroso es el teorema del límite central.

Sabiendo que los promedios de muchas de las muestras se distribuyen de esta manera, los estadísticos pueden calcular hasta qué punto es probable que se aleje la media de una única muestra —por ejemplo, una única encuesta de opinión o una muestra de estatura— del promedio verdadero que andan buscando, y también saber si sus suposiciones eran acertadas.

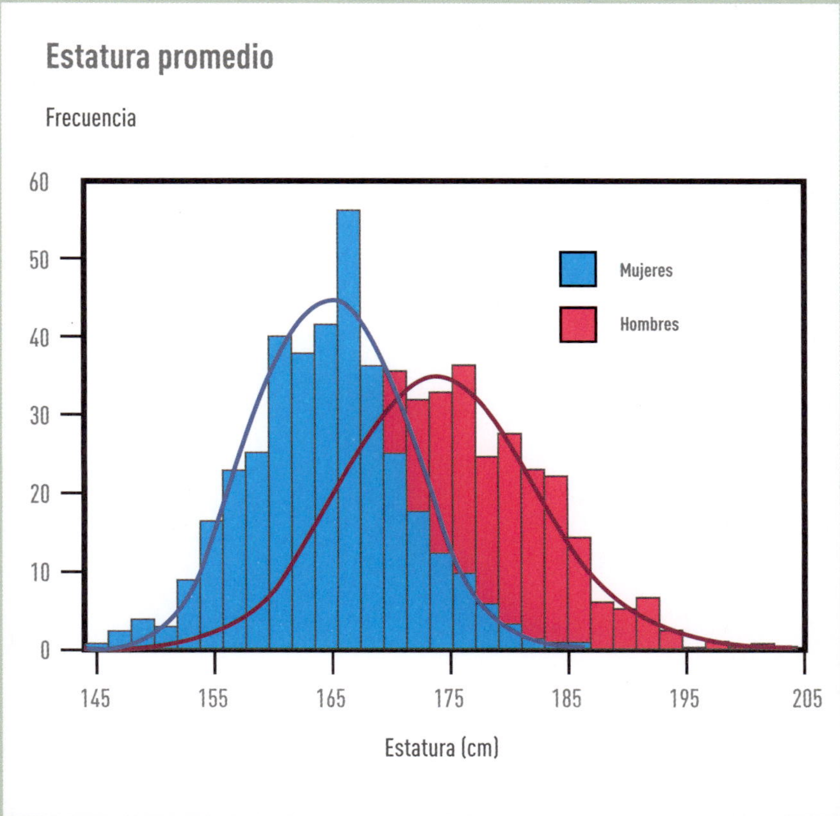

El gráfico de frecuencia de la estatura promedio se aproxima a una distribución normal. Muchas cantidades que observamos en el mundo real son promedios de procesos que no podemos ver, así que la distribución normal aparece con frecuencia.

5.7 Ensayos controlados aleatorios

¿Cómo se decide si un tratamiento médico es eficaz?

A lo largo de la historia, los médicos decidían qué tratamientos funcionaban por ensayo y error, basándose en su experiencia personal. Pero esto no es muy fiable, ya que no es posible decir si un paciente mejora o empeora gracias a un tratamiento o a algún otro factor que se desconoce. Así fue como en el siglo XIX los científicos empezaron a testar los tratamientos con dos grupos de personas: el **grupo de estudio**, formado por las personas que recibían el nuevo tratamiento, y el **grupo control**, formado por los individuos a quienes se les administraba un tratamiento inerte (un **placebo**) o un tratamiento ya existente que se comparaba con el nuevo.

De todos modos, las personas tendían a ver lo que esperaban ver. Por este motivo, en 1917 se introdujo el concepto de **prueba a ciegas**, en el que las personas implicadas en estudios médicos no sabían a cuál de los dos grupos pertenecían. En este caso, el conocimiento de saber a qué grupo se pertenecía no podía interferir (de forma voluntaria o involuntaria) con el resultado de los estudios.

Los ensayos controlados aleatorios se usan de forma universal para evaluar nuevos tratamientos médicos.

Pero todavía existía una manera de influir sobre el resultado, y esa era dando con preferencia el nuevo tratamiento a pacientes más enfermos, y que por tanto podían esperar un mejor resultado. Por este motivo, en la década de 1940, el test de las vacunas contra la tos ferina se convirtió en el primer **ensayo controlado aleatorio**, en el que los pacientes se asignaban de *forma aleatoria* al grupo de estudio o al grupo control.

Primer ensayo controlado aleatorio

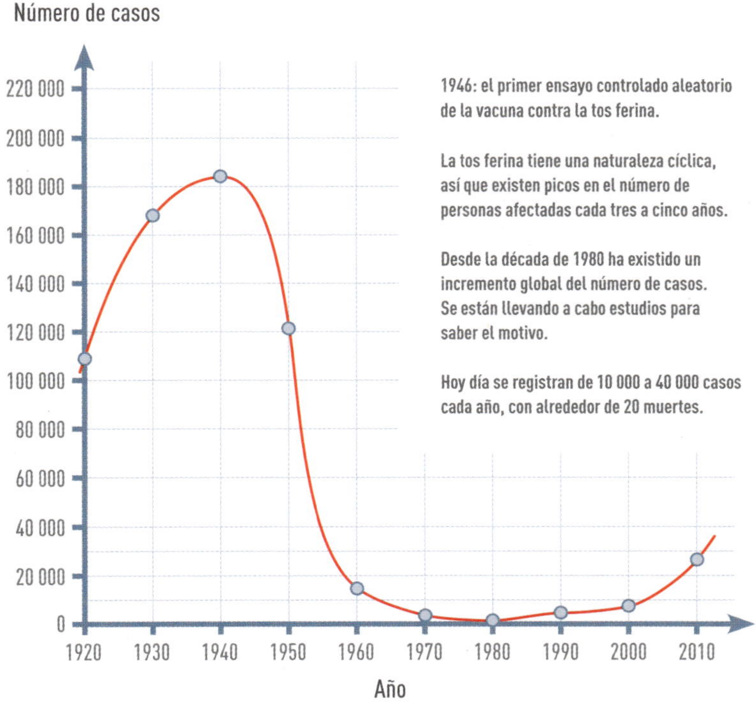

Esta gráfica representa los casos de tos ferina registrados desde 1920. Antes de que la vacuna estuviera disponible en la década de 1940, en Estados Unidos unos 200 000 niños enfermaban cada año, 9000 de los cuales morían.

5.8 Niveles de significación

Cuando los científicos informan de un resultado, a menudo hablan de valores *p* y de niveles de significación. ¿Qué significan ambos conceptos?

Suponga que en un ensayo controlado aleatorio (*véase* el Tema 5.7) un nuevo fármaco reduce la presión arterial en una media de 20 mmHg (la unidad estándar de la presión arterial). ¿Cómo sabemos que la reducción realmente ha ocurrido gracias al medicamento y no a todo tipo de razones que desconocemos?

Aunque no se puede calcular la probabilidad de que el fármaco sea eficaz, *sí se puede calcular* la probabilidad de obtener una diferencia tan grande como la observada (una reducción de 20 mmHg) asumiendo que el fármaco no sea eficaz. Esto se conoce como **valor *p***. Si el valor *p* es pequeño, es un motivo claro para creer que el fármaco resulta eficaz.

Pero, ¿cuán pequeño es «pequeño»? Por lo general, en los estudios médicos se considera que un valor *p* inferior al 5 % indica un resultado significativo. Este umbral del 5 % se conoce como **nivel de significación**, generalmente indicado con el símbolo α (la letra griega alfa). Decimos que un ensayo es significativo en el nivel α si existía una probabilidad menor de α de obtener el resultado (una reducción de 20 mmHg) si el fármaco no era eficaz y el resultado se debía únicamente al azar.

El *intervalo de confianza* es un concepto relacionado. Por ejemplo, el intervalo de 15 a 25 se describe como un intervalo de confianza del 95 % si se está un 95 % seguro de que el resultado verdadero (la reducción verdadera de la presión arterial) está comprendido entre 15 y 25.

Un intervalo de confianza del 95 % corresponde a un nivel de significación del 5 %.

Test de medicamentos

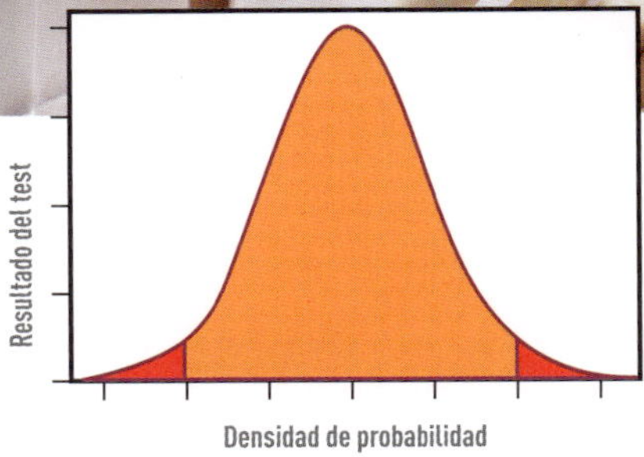

Este gráfico ilustra una distribución que mide la probabilidad de que el resultado de un test sea igual a *x* si el fármaco no es eficaz. La probabilidad de que el resultado corresponda a las zonas rojas es de un 5 %.

Cuando se testan fármacos como las vacunas, precisamos excluir la posibilidad de que el resultado del estudio sea fruto del azar.

5.9 Riesgo relativo

¡Olvídese del bocadillo de beicon! El beicon aumenta el riesgo de padecer cáncer de intestino en un 20 %. Pero, ¿es realmente tan malo como parece este ingrediente que gusta tanto?

Un informe del Fondo Mundial para la Investigación del Cáncer decía, entre muchas otras cosas, que comer 50 g de carne procesada todos los días (el equivalente a un bocadillo de beicon pequeño) incrementa en un 20 % la probabilidad de padecer cáncer de intestino.

Si esto suena alarmante es porque está expresado en términos de **riesgo relativo**, es decir, cuánto se incrementa el riesgo con relación al **riesgo absoluto** (cuántas personas de la población general se puede esperar que contraigan la enfermedad).

En torno a un 5 % de la población contrae cáncer de intestino, y un 20 % más de 5 es 6, así que el riesgo relativo del 20 % de los bocadillos de beicon diarios se traduce en un aumento del riesgo absoluto de un 6 %. Un incremento del 1 % del riesgo absoluto es significativo, pero no suena tan alarmante como el aumento del 20 % en términos de riesgo relativo.

Los riesgos relativos suenan más graves que los absolutos, por lo tanto es posible confundir los resultados de un test informando sobre los riesgos relativos o absolutos de forma selectiva. Por ejemplo, si quiere resultados positivos para un nuevo fármaco, puede informar sobre los riesgos relativos de su eficacia y de los riesgos absolutos de cualquier efecto secundario desagradable. De esta forma, la eficacia del fármaco parece ser mayor que la de sus efectos secundarios. Esto se llama **marco de desigualdad**.

Se descubrió que en un tercio de los estudios publicados en revistas médicas prestigiosas se había empleado la práctica espuria de un marco de desigualdad.

Incremento del riesgo

Nos dicen que comer 50 g de beicon al día aumenta la probabilidad de padecer cáncer de intestino en un 20 %. Esto suena alarmante, pero ¿hasta qué punto nos tendríamos que preocupar?

5.10 Falacia del fiscal

El ADN de una mujer encaja con una muestra encontrada en la escena de un crimen. Las probabilidades de que el ADN coincida son solo de una entre dos millones, así que la mujer tiene que ser culpable, ¿o no?

Pues no, pero es un error común pensarlo y es lo que se conoce como **falacia del fiscal**. Confunde la probabilidad de una entre dos millones con la probabilidad de la inocencia de la mujer. Para evaluar de forma correcta la culpabilidad, debemos aceptar el hecho de que coincidió con la muestra, y ver si esto aumenta la probabilidad de que sea culpable, comparándola con la probabilidad de que lo fuera antes de que la prueba del ADN saliera a la luz.

En este caso, nos será de utilidad una versión del teorema de Bayes (*véase* el Tema 5.4), enunciado en términos de apostadores. La probabilidad de coincidencia del ejemplo anterior implica que el ADN de la mujer es dos millones de veces más probable que encaje con la muestra si es culpable que si es inocente. El teorema de Bayes nos dice ahora que:

las probabilidades de culpabilidad después de la prueba de ADN = 2 000 000 x las probabilidades de culpabilidad antes de la prueba de ADN.

Si la mujer procede de una ciudad de 500 000 habitantes y pensamos que cualquiera de ellas pudo haber cometido el crimen, entonces sus probabilidades de culpabilidad antes de la prueba del ADN son de 1 entre 500 000. Por tanto, las probabilidades de culpabilidad después de la prueba de ADN = 2 000 000 x 1/500 000 = 4.

Traducido en probabilidades, esto da un 80 % de probable culpabilidad, ¡en absoluto una prueba concluyente!

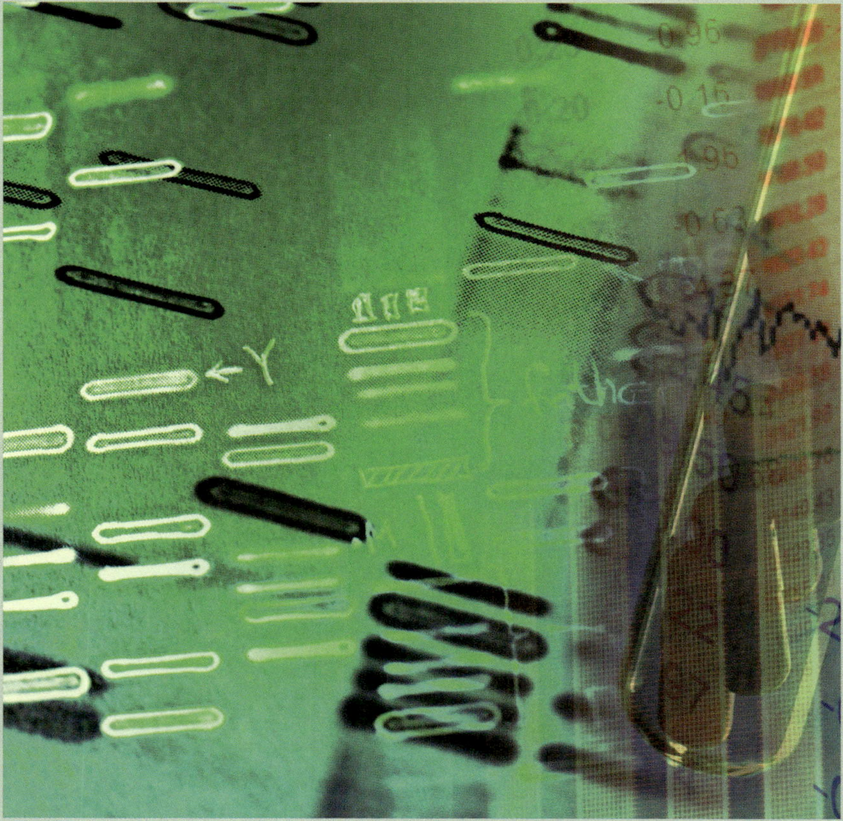

Huella genética o análisis de ADN: la probabilidad de la prueba, dado que la sospechosa es inocente, no es la misma que la probabilidad de que la sospechosa sea inocente, dada la prueba.

CURVAS

6

En 1915, Albert Einstein cambió nuestra forma de pensar sobre el universo. Se dio cuenta de que la fuerza de la gravedad es la curvatura del espacio-tiempo. Las curvas también proporcionan algunas de las ilustraciones matemáticas más hermosas e impresionantes. Sus formas pueden revelar la naturaleza de las ecuaciones que las definen y proporcionan la maquinaria para explorar algunos de los objetos matemáticos más complicados.

Einstein no fue el primero en utilizar la curvatura para arrojar luz sobre el funcionamiento del universo. En el siglo XVII, las curvas llamadas elipses le dieron a Johannes Kepler la forma de las órbitas planetarias. La propia elipse se estudió por primera vez en la Grecia antigua como una de las secciones cónicas. Las secciones cónicas son las curvas creadas cortando por un plano oblicuo la superficie de dos conos cuyas puntas se tocan, que nos darán círculos, elipses, parábolas e hipérbolas. Otra de las curvas favoritas del siglo XVII fue la catenaria, que, según la observación de Robert Hooke, era la forma de un arco autosustentable, de una eficacia perfecta.

Las curvas nos permiten estudiar la curvatura, ya se trate de curvas intrincadas o de superficies complejas. El primer paso para comprender la curvatura es que cualquier curva puede ser aproximada por una línea recta tangente. También puede serlo por el así llamado círculo osculador o circunferencia osculatriz. Estos dos conceptos se usan para ir más allá de las curvas para poder calcular la curvatura de una superficie.

Las superficies mínimas, como las delicadas formas de una película de jabón que recubre un marco de alambre, se caracterizan por su curvatura. Los arquitectos hacen uso de este campo de las matemáticas tanto por su eficacia con los materiales como por sus hermosas formas.

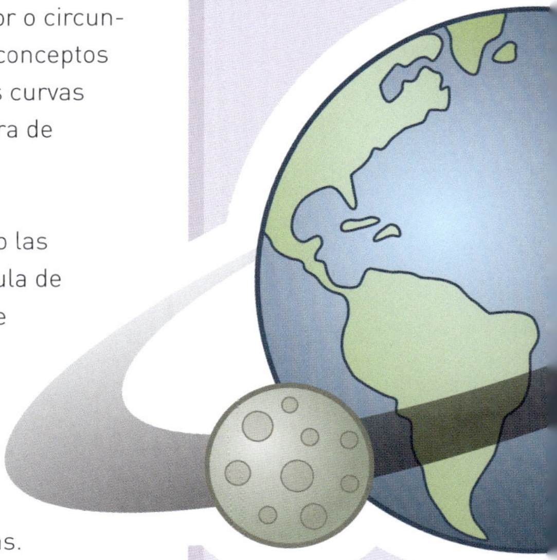

Contenido

6.1 Catenaria

¿Qué tienen en común el estadio de Wembley y la catedral de St. Paul de Londres?

Al suspender una cadena de dos ganchos y dejar que cuelgue de forma natural, por su propio peso, se crea una curva que recibe el nombre de **catenaria**. Cualquier cadena que cuelgue encontrará esta forma equilibrada, en la que las fuerzas de tensión —procedentes de los ganchos que sostienen la cadena— y la fuerza de la gravedad que tira hacia abajo mantienen un equilibrio perfecto.

Algo hermoso sucede cuando se le da la vuelta a una curva de catenaria. La forma invertida describe ahora un arco —de hecho, la forma más estable que un arco puede adoptar. En una cadena colgante, las fuerzas de tensión actúan siguiendo la línea de la curva. En la catenaria invertida las fuerzas de tensión se convierten en fuerzas de compresión, y como estas fuerzas también siguen la línea del arco, la forma no se dobla ni se comba. Por este motivo, para construir un arco hay que asegurarse de que tiene la forma de una catenaria invertida; de ese modo se sostendrá de forma independiente, por su propio peso. y no solo eso, sino que además la construcción de este arco requerirá un mínimo de materiales.

La forma del arco más alto del mundo, el Gateway Arch de San Luis, en Estados Unidos, está basada en una catenaria invertida.

El arquitecto británico Robert Hooke (1635-1703) fue el primero en estudiar la catenaria de forma matemática. En 1675, publicó un anagrama en latín de «Así como cuelga la flexible línea, así invertido se levantará el rígido arco».

Cúpula de la catedral de St. Paul de Londres

La catedral de St. Paul tiene tres cúpulas: una exterior, otra interior para crear un efecto visual, y otra cúpula central escondida a modo de refuerzo. *Sir* Christopher Wren basó la forma de la cúpula central en una catenaria invertida.

6.2 Elipse

Un círculo es un caso especial de otro tipo de curva: la elipse.

Puede dibujar un círculo con un lápiz y un lazo de cordel: el lápiz está en un extremo del cordel y el otro extremo queda sujeto en el centro. Poniendo tirante el lazo y dibujando alrededor del centro se formará el círculo.

Puede usar el mismo lazo de cordel para trazar una **elipse**. Esta vez, el lazo se atiranta entre tres puntos: el lápiz y otros dos puntos llamados **focos** de la elipse. Cuando el lazo se pone tirante forma un triángulo, y uno de sus lados tendrá siempre la misma longitud —el espacio entre los focos fijos. Los dos lados restantes —las distancias desde un punto de la elipse a cada uno de los dos focos— siempre suman la misma longitud. Puede probarlo con un lápiz y un lazo de cordel usando el pulgar y el dedo índice como focos fijos.

El círculo solo es un tipo especial de elipse en el que los dos focos son en realidad el mismo punto. De otro modo, cuando los focos se separan, la elipse se estira. Este estiramiento se mide por la **excentricidad** de la elipse: la razón de la distancia entre los focos dividida entre la anchura de la elipse.

Si se corta un cono de tráfico por un plano ligeramente oblicuo, la sección transversal será una elipse **(*véase* la pág. 139).**

Leyes de Kepler

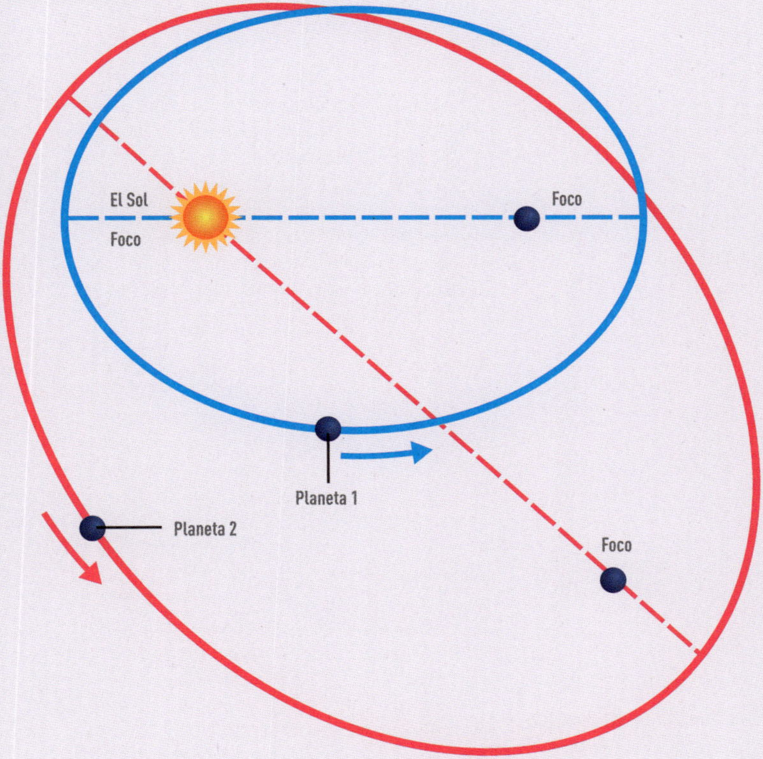

En el siglo XVII, Johannes Kepler descubrió tres leyes que describen los movimientos de los planetas. La primera ley afirma que la órbita de cada planeta es una elipse, siendo el Sol uno de sus focos. Las líneas discontinuas ilustran cómo el eje de cada elipse pasa por sus dos focos.

6.3 Hipérbola

Esta curva, famosa en el campo de las matemáticas, se viene estudiando desde hace milenios.

Si enfoca al suelo directamente con una linterna, creará un foco de luz circular cuando el suelo intercepte el haz de luz. Incline la linterna y el círculo se alargará hasta formar una elipse. Inclínela un poco más y la elipse se alargará, hasta que la parte superior del haz de luz de la linterna quede paralelo al suelo. Su foco de luz tendrá ahora la forma de una **parábola** (*véase* el Tema 3.3). Inclinando todavía más la linterna obtendrá una forma conocida como **hipérbola**.

Estas formas —círculos, elipses, parábolas e hipérbolas— se vienen estudiando en matemáticas desde el año 300 a. C. y se llaman **secciones cónicas**: cortes que atraviesan dos conos colocados uno sobre el otro con las puntas tocándose (*véase* la pág. 139). Un corte horizontal nos da un círculo, un corte inclinado una elipse, con un corte paralelo al lado del cono obtenemos una parábola, y con un corte que atraviese ambos conos conseguimos una hipérbola.

La hipérbola tiene dos brazos, cada uno de los cuales es una imagen exacta de espejo del otro. Estos brazos están contenidos por dos líneas rectas que se cruzan llamadas **asíntotas**. A medida que los brazos se alejan del centro de la hipérbola, se acercan más y más a estas líneas, pero nunca llegan a tocarlas.

Es probable que ya conozca la hipérbola: la gráfica de la función $y = 1/x$.

Secciones cónicas

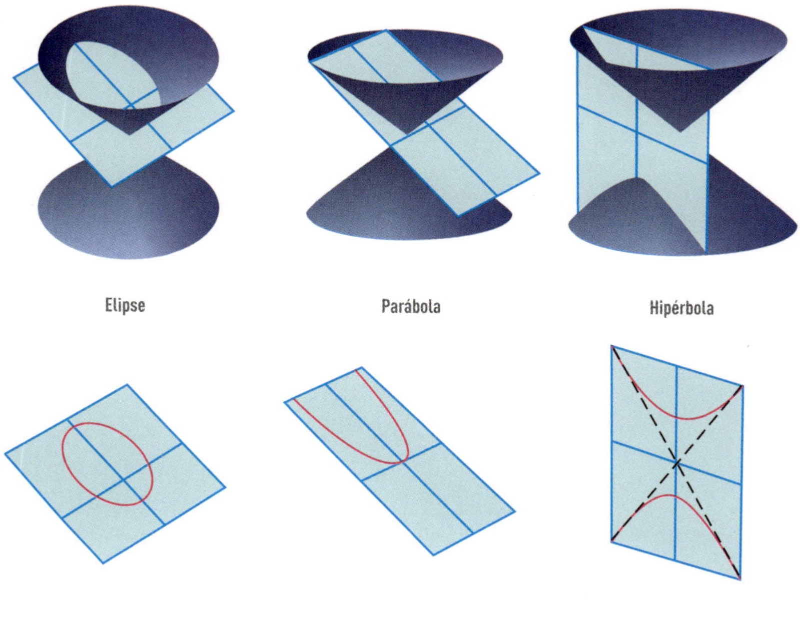

Las imágenes muestran las tres secciones cónicas: la elipse (que incluye el círculo como caso especial), la parábola y la hipérbola. La hipérbola está contenida por sus dos asíntotas, ilustradas con líneas discontinuas.

6.4 Tangentes

Acérquese al máximo a una curva dibujada sobre un trozo de papel plano y, en cualquier punto, parecerá una línea recta.

Se dice que una línea recta que toque una curva en un punto es **tangente** a la curva en dicho punto. Si la curva es lisa debe tener una tangente en cada uno de sus puntos. Algo con una esquina aguda, como la función valor absoluto, tiene tangentes en casi todos los puntos excepto en el ángulo. Para que exista una tangente su dirección tiene que cambiar suavemente a medida que pasa de un lado del punto al otro, mientras que en la esquina de la función valor absoluto la tangente cambia de dirección de manera brusca. Ambas se ilustran en la página 141.

Una superficie puede tener una línea tangente y también un plano tangente. La misma regla es aplicable: una superficie lisa tiene líneas y planos tangentes definidos en todos los puntos, no se permiten dobleces ni rugosidades.

La curvatura de una curva o de una superficie se mide por el grado en que difiere de ser plana. Para una curva, esto quiere decir con qué exactitud se le aproxima la tangente en cualquier punto. En el caso de una superficie, esto significa con qué exactitud se le aproxima su plano tangente en cualquier punto. Si una curva es muy similar a su tangente en un punto dado, digamos que en grandes valores positivos o negativos en el caso de una parábola, la curvatura se acercará mucho a cero (la curvatura de una recta). Pero si la curva es muy diferente de su tangente, digamos que en el punto de inflexión de la parábola, la curvatura tendrá un valor positivo o negativo más grande.

La línea perpendicular a la línea tangente (en el caso de una curva) o al plano tangente (en el caso de una superficie) se llama recta normal.

Tangentes y curvatura

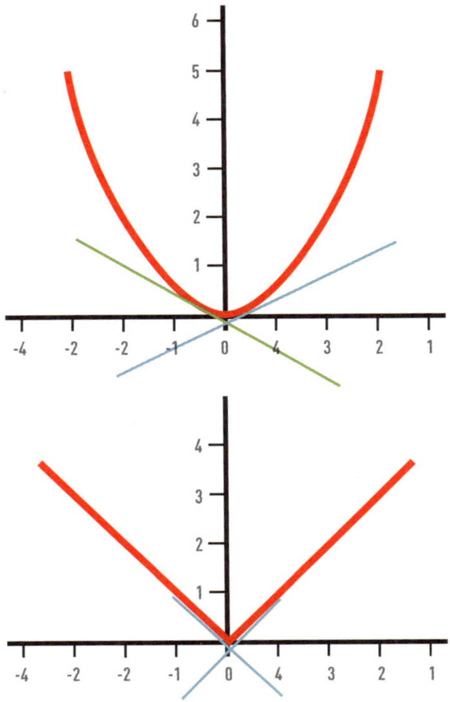

Curvatura es la tasa de cambio de dirección de las tangentes a medida que se mueven a velocidad estable por la curva. En la función valor absoluto (imagen inferior), la tangente no cambia antes o después de la esquina, pero sí cambia de forma instantánea en la esquina, y eso no está permitido.

6.5 Círculos osculadores

La curvatura determina lo diferente que es una curva de una línea recta. Pero, ¿cómo se mide?

Las líneas tangentes son líneas rectas que se aproximan muy de cerca a una curva en un punto determinado. Otra forma de aproximarse a una curva es mediante un círculo. El **círculo osculador o circunferencia osculatriz** de un punto de la curva es el círculo que más coincide con la curva en ese punto. El tamaño de la curvatura en ese punto es el valor de $1/R$, siendo R el radio del círculo osculador.

Si la curva es poco pronunciada —pongamos que con un gran valor negativo o positivo de x para la curva x^2—, entonces el círculo osculador tendrá un radio muy grande y la curvatura $1/R$ se acercará a cero. Si la curva es mucho más pronunciada —por ejemplo, en el punto de inflexión de la parábola para x^2—, entonces el radio del círculo osculador será mucho más pequeño y la curvatura se alejará más del cero.

La curvatura puede definirse como negativa o positiva, dependiendo en qué lado de la curva esté el círculo osculador. Podemos evaluar la curvatura global de una curva examinando la tasa de cambio de la curvatura cuando nos movemos a una velocidad estable a lo largo de la curva. Por ejemplo, un círculo tiene una curvatura constante, es decir, el círculo osculador es simplemente él mismo en todos los puntos, que permanecen inalterables mientras se mueve alrededor del círculo.

El calificativo de «círculo oscilador» viene del latín *osculari*, que significa «besar». El círculo toca levemente o «besa» la curva en ese punto.

Círculo osculador de una onda sinusoide

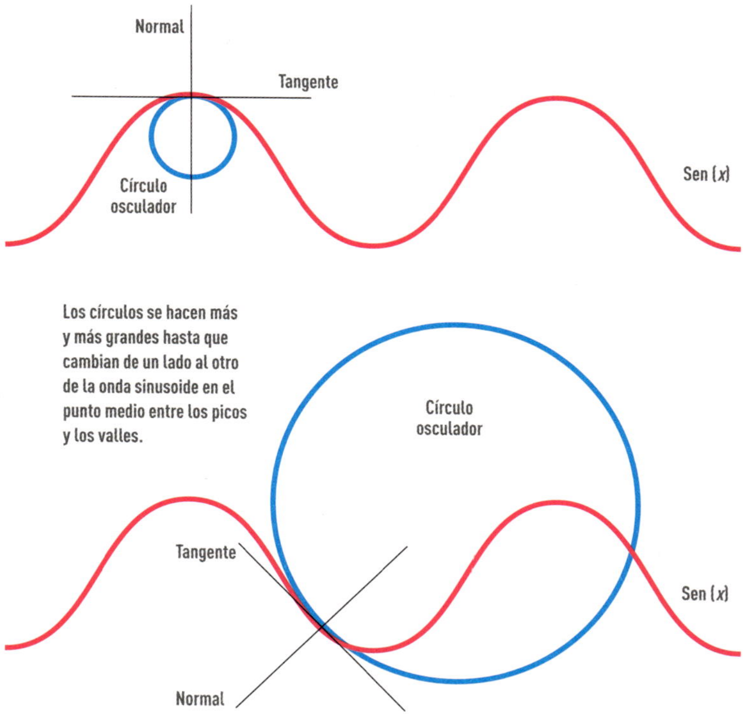

El círculo osculador de una onda sinusoide se encoge y se expande a medida que avanza por la curva. Los círculos más pequeños se encuentran en los puntos de mayor curvatura: los picos y los valles.

6.6 Curvatura de una superficie

¿Cómo medimos la curvatura de una superficie?

Los círculos osculadores dan un valor numérico para la curvatura en un punto de una curva unidimensional dibujada sobre un plano (*véase* el Tema 6.5). Podemos emplear el mismo método para calcular la curvatura de una superficie bidimensional.

La curvatura de una superficie es el grado en que la superficie difiere de su plano tangente en ese punto. La **normal** con respecto al plano tangente es la dirección perpendicular al mismo. Se puede definir un plano que contiene esta dirección normal formando un **plano normal** perpendicular al plano tangente. La superficie corta el plano normal y lo atraviesa, creando una curva unidimensional en ese plano, cuya curvatura se puede medir mediante el círculo osculador.

Existen infinitos planos normales en cualquier punto de la superficie, cada uno de ellos dando un valor diferente de la curvatura para las curvas cortadas por la superficie. Solo debemos considerar los valores máximos y mínimos de las mismas. El producto de estas curvaturas máximas y mínimas calculado a partir de los planos normales se llama **curvatura gaussiana**. La superficie es plana en un punto si este producto es cero. La superficie tiene una curvatura positiva si la curvatura gaussiana en ese punto es positiva: en ese punto, la curvatura tendría un aspecto similar a una colina. En cambio, si la superficie posee el aspecto de silla de montar, la curvatura gaussiana es negativa.

Existen formas complicadas de definir la curvatura para los análogos de una superficie en dimensiones más elevadas.

Curvatura gaussiana

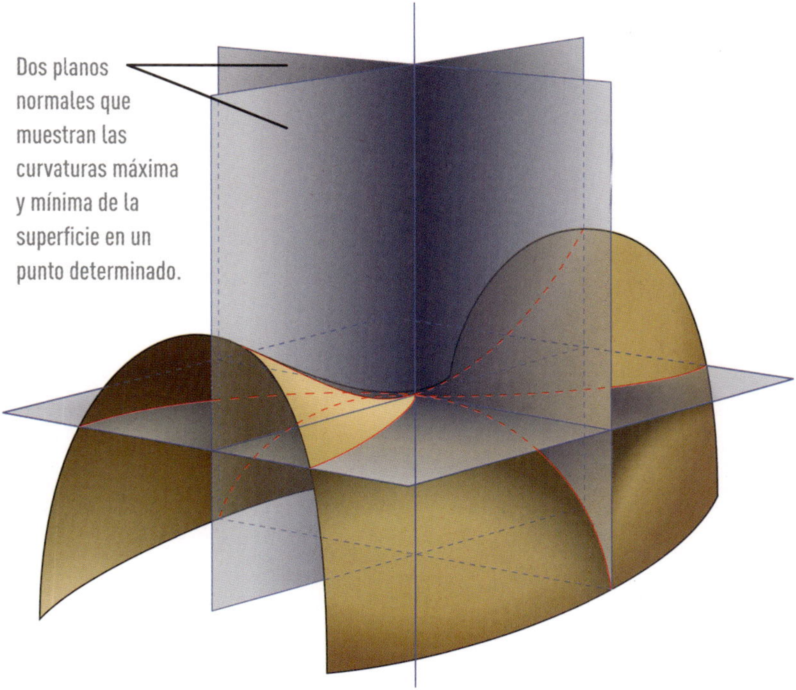

La curvatura gaussiana de esta superficie en forma de silla de montar es negativa. Es el producto de las curvaturas máxima y mínima, que tienen signos opuestos, tal como muestra la imagen: las curvas de los planos normales quedan en lados opuestos del plano tangente.

6.7 Curvas elípticas

¿Se pueden encontrar dos números enteros x e y de modo que $y^2 = x^3 - 2x + 1$? La respuesta es sí, por ejemplo, $x = 0$ e $y = 1$. Pero, ¿existen otras soluciones?

Si calcula todos los puntos (x, y) que cumplen con la ecuación:

$$y^2 = x^3 - 2x + 1$$

de un sistema de coordenadas (*véase* el Tema 3.2), el resultado es la elegante curva enmarcada en el diagrama de la página 147. Este es un ejemplo de **curva elíptica**.

Nuestra curva elíptica condensa, a simple vista, los pares de números reales x e y que son soluciones a nuestra ecuación. Pero, ¿qué pasa si queremos ver todos los pares de **números complejos** (*véase* el Tema 1.9) que también son soluciones? Un número complejo comprende dos fragmentos de información, así que un par de números complejos comprende cuatro fragmentos de información. Por lo tanto, para calcular el par precisamos cuatro dimensiones, que es algo que no podemos visualizar.

Pero existe un dato útil que puede ayudarnos. La forma que codifica las soluciones complejas de nuestra ecuación *reside* en un espacio de cuatro dimensiones, pero en realidad solo utiliza dos de ellas. De hecho, se puede representar mediante una superficie fácil de imaginar: una rosquilla. Lo mismo sucede con cualquier ecuación que defina una curva elíptica. Los pares de números complejos que son soluciones de la ecuación siempre se pueden representar en forma de rosquilla.

Las curvas elípticas desempeñaron un papel destacado en la prueba del último teorema de Fermat.

Curvas elípticas

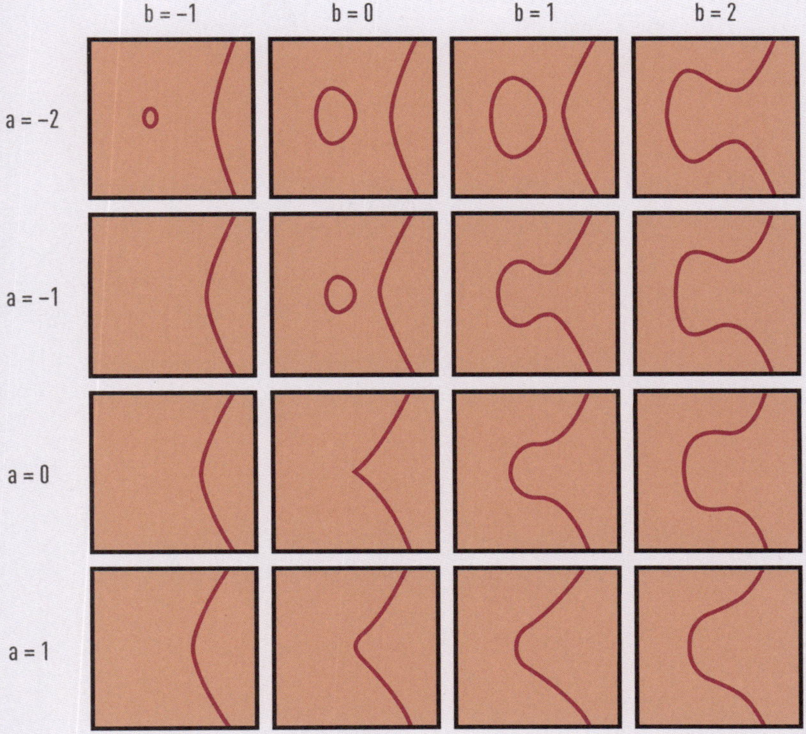

Una curva elíptica se describe mediante una ecuación de la forma $y^2 = x^3 + ax + b$. Este diagrama muestra las curvas elípticas que obtenemos cuando a va de −2 a 1 y b de −1 a 2.

6.8 Superficies mínimas

Una buena noticia: podemos resolver problemas matemáticos complejos mientras jugamos con pompas de jabón.

El círculo es la forma más eficiente en cuanto contiene el área más grande para una longitud dada de perímetro (*véase* el Tema 2.3). Del mismo modo, podríamos decir que el círculo es la forma con el perímetro más corto que contiene un área determinada. Lo mismo puede afirmarse de una esfera, que minimiza el área de superficie necesaria para contener un volumen dado de espacio.

Es posible formularse preguntas similares, por ejemplo ¿cómo se puede dividir un plano en fragmentos del mismo tamaño de modo que los perímetros divisores tengan la longitud más corta? Los matemáticos saben, como mínimo desde el año 360 d. C., que la respuesta a esta pregunta es un panal de abejas hexagonal. A pesar de ello, no consiguieron demostrar la conjetura del panal hasta 1999.

La naturaleza proporciona respuestas sin la demostración matemática, porque la naturaleza —ya se trate de abejas o de pompas de jabón— llega a una solución que requiere la mínima cantidad de energía. En términos matemáticos, la **superficie mínima** es la que tiene el área más pequeña posible mientras abarca algún límite. Se puede encontrar una superficie mínima resolviendo las ecuaciones correspondientes. O más fácilmente, puede retorcer un trozo de alambre para darle la forma del límite que quiera y sumergirlo en agua jabonosa. La película de jabón que cruzará su marco de alambre cuando lo retire del líquido será lo mismo que la solución matemática.

En matemáticas, las superficies mínimas son aquellas con una curvatura gaussiana de cero (*véase* el Tema 6.6), lo que significa que las esferas no son, técnicamente hablando, superficies mínimas.

Los arquitectos se sienten atraídos por las superficies mínimas. Es famoso el ejemplo de Frei Otto, que utilizó las superficies mínimas producidas por películas de jabón para inspirarse en su diseño del Olympiapark de Múnich (1972).

6.9 Giroide

Una superficie laberíntica que crea hermosos colores y una salsa que se niega a moverse.

En la década de 1970, resurgió el interés por las superficies mínimas (*véase* el Tema 6.8) gracias a un descubrimiento realizado por Alan Schoen, un científico de la NASA que trabajaba en estructuras ultraligeras. Schoen descubrió el **giroide**, una superficie mínima que divide el espacio en dos laberintos giratorios. Una característica muy especial del giroide es que tiene una forma regular repetitiva: se construye a partir de un elemento básico que se va repitiendo en cada una de las tres dimensiones.

Puede resultar difícil visualizar un giroide, pero esta forma tan compleja se encuentra con frecuencia en la naturaleza. La hermosa iridiscencia del ala de una mariposa está causada por variaciones periódicas de la luz que se derrama por las estructuras a pequeña escala de su superficie, y en algunas especies se ha observado que esta estructura regular tiene forma de giroide. También se han detectado giroides en el interior de las membranas de las células y de ciertos tipos de plásticos y goma.

Los giroides pueden explicar también por qué a veces es tan difícil que el kétchup se deslice por la botella. Las imperfecciones de la forma regular del giroide producen un gran efecto sobre la fluidez, con el resultado de que a esta salsa a veces le cueste moverse.

La capacidad de construir giroides a partir de un elemento básico los convierte en ámbito de interés en nanotecnología.

Elementos básicos del giroide

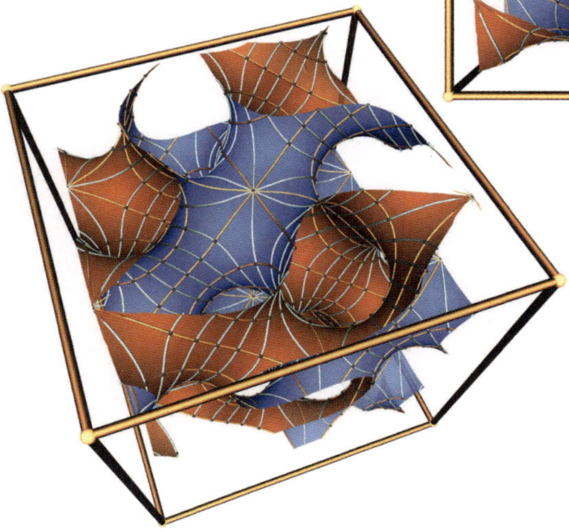

El giroide puede construirse a partir de un elemento básico que se repite de forma infinita en tres dimensiones. La superficie resultante separa el espacio en dos pasajes laberínticos entrecruzados.

6.10 Relatividad general

En 1915, la teoría de la relatividad de Albert Einstein cambió la forma en que vemos el universo: la gravedad no es una fuerza, es la curvatura del espacio-tiempo.

La mayoría de nosotros aprendimos la gravedad tal como la describió Newton (1642-1727) en el siglo XVII: dos objetos ejercen una fuerza gravitatoria uno sobre el otro que es proporcional al producto de sus masas dividido entre el cuadrado de la distancia que los separa.

Esta es una buena descripción, que corresponde a la experiencia que tenemos de la gravedad en nuestra vida cotidiana. También satisfizo a la ciencia durante más de dos siglos. Pero en un experimento de reflexión, Albert Einstein (1879-1955) se dio cuenta de que la teoría de Newton no podía ser correcta. Imagínese que el Sol explota; debido al tiempo que la luz solar tarda en alcanzar la Tierra, no veríamos este desastre en ocho minutos. No obstante, según la teoría de Newton, deberíamos experimentar en el mismo instante la pérdida de la gravedad del Sol.

Esto supuso un problema porque en 1905, en su teoría especial de la relatividad, Einstein había demostrado que nada viaja más rápido que la luz, incluyendo la información. Esta pérdida instantánea de la gravedad del Sol hubiera infringido esta teoría.

En lugar de ello, Einstein cambió el modo en que vemos tanto el espacio como la gravedad: nos dijo que no deberíamos distinguir entre espacio y tiempo, sino que deberíamos pensar en ellos como dos partes del mismo concepto: el **espacio-tiempo**. Y también que la gravedad es el resultado de la curva que la materia produce en el espacio-tiempo.

«El espacio y el tiempo son modalidades de pensamiento, y no condiciones en las que vivimos». (Albert Einstein)

Deformación del espacio-tiempo

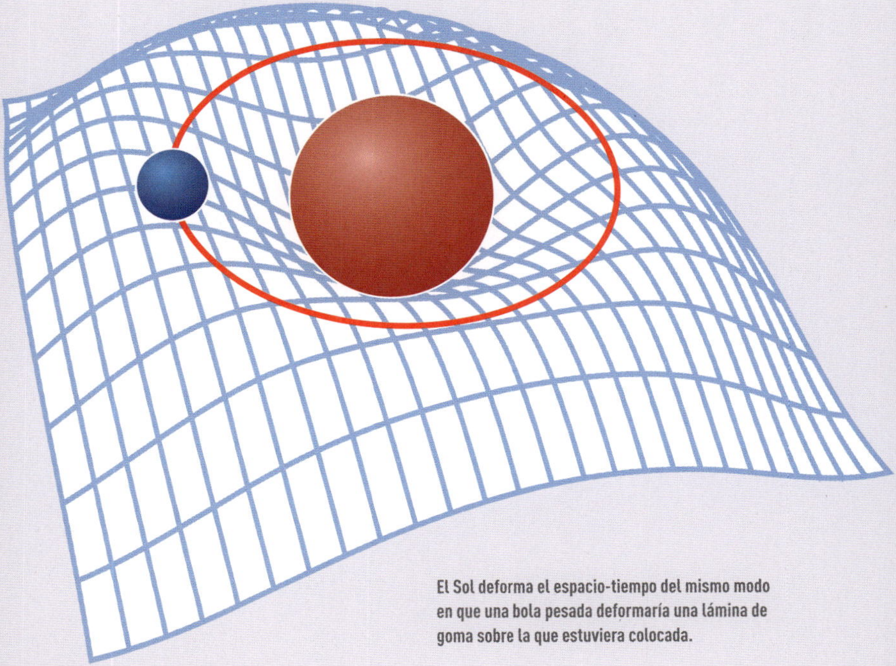

El Sol deforma el espacio-tiempo del mismo modo en que una bola pesada deformaría una lámina de goma sobre la que estuviera colocada.

El enorme Sol deforma el espacio-tiempo. La curva que crea significa que un objeto que se moviera hacia el mismo rodaría curva abajo, girando alrededor del Sol como una canica que diera vueltas en un cuenco.

7

PATRONES Y SIMETRÍA

El famoso teórico de los números G.H. Hardy (1877-1947) dijo en una ocasión: «Un matemático, igual que un pintor o un poeta, es un creador de patrones. Si sus patrones son más permanentes que los otros, es porque están construidos con ideas».

Esta cita de Hardy expresa lo que muchos matemáticos sienten sobre su arte: que las matemáticas son el lenguaje de los patrones y de las formas. Algunos de estos patrones son visibles, como la elegante simetría de un copo de nieve, mientras que otros están ocultos a la vista. Están escondidos en el interior de estructuras matemáticas que describen el mundo que nos rodea.

En este capítulos analizaremos tanto los visibles como los invisibles. Empezaremos con el concepto de simetría, que cualquier niño puede entender y que algunas personas consideran un requisito para la belleza.

Descubriremos por qué solo existe un número limitado de maneras de embaldosar el cuarto de baño y por qué hay un límite fundamental en el número de diseños de papel pintado que puede escoger para la sala de estar. También nos enteraremos de la disputa que mantuvo un famoso matemático con la empresa Kleenex por el dibujo de un papel higiénico basado en teselados que nunca se repiten.

A continuación, exploraremos las simetrías ocultas que aparecen en ecuaciones, problemas matemáticos y otras estructuras exactas. Veremos cómo estas simetrías nos pueden ayudar a resolver un problema, y cómo las simetrías están relacionadas con las leyes fundamentales de la física. También aprenderemos acerca del estudio abstracto de la simetría, con la intervención de dos matemáticos muertos prematuramente (*véase* la pág. 70), y veremos cómo esto ha desembocado en la mayor demostración matemática de la historia.

Contenido

7.1 Simetría o inmunidad al cambio

Poseemos una comprensión intuitiva de la simetría, pero las matemáticas la pueden definir con gran precisión.

Tenemos un cuadrado clavado por el centro sobre una hoja de papel. Cierre los ojos y gire el cuadrado 45 grados: un octavo de vuelta. Abra los ojos y verá la diferencia. Pero si gira el cuadrado 90 grados, un cuarto de vuelta, la forma seguirá teniendo el mismo aspecto.

Una **simetría** es una operación que puede hacerse con un objeto y que básicamente lo deja igual, sin cambios. El cuadrado de nuestro ejemplo es inmune a la rotación de 90 grados, pero cambia con una rotación de 45 grados. Esto se debe a que posee una **simetría rotacional cuádruple**, pero no una **simetría rotacional óctuple**.

La simetría puede adoptar muchas formas y se encuentra en muchos objetos distintos. Los objetos físicos pueden poseer muchos tipos diferentes de simetría, como rotacional y reflectiva. Pero los objetos matemáticos, incluso las ecuaciones, también pueden presentar simetrías, como la inmunidad a los cambios de las variables.

Se dice que los seres humanos aprecian de manera innata la simetría. La detectamos con facilidad e incluso existen experimentos que investigan si la preferimos (si los rostros simétricos nos parecen más atractivos que los asimétricos). Pero la falta de simetría también ocupa un lugar importante en la estética: nuestra mirada se vuelve de forma automática hacia el punto donde la simetría se rompe.

Las bolas de piedra talladas con motivos geométricos encontradas en Escocia, del periodo neolítico, son un ejemplo temprano de nuestra fascinación por la simetría.

La simetría es algo común en la naturaleza; observe, por ejemplo, la simetría reflectiva casi perfecta del rostro de este tigre. Pero la asimetría también es importante, como en el caso de la quiralidad de las proteínas en el interior de nuestro organismo.

7.2 Movimientos rígidos

¿Qué tipo de cosas pueden hacerse con un trozo de papel sin distorsionar la imagen dibujada en él?

Por supuesto no puede doblar el papel, arrugarlo ni estirarlo. Lo que sí puede hacer es deslizar la hoja de papel en alguna dirección, cubriendo cierta distancia. Esta transformación se llama **traslación**. También puede sujetar el papel por un punto con el pulgar, y después girar la hoja alrededor de ese punto fijo hasta cierto ángulo. Esto es una **rotación**. Otra opción es trazar una línea sobre el papel y reflejar la imagen sobre ese eje, convirtiéndola en un reflejo de sí misma.

¿Se pueden hacer más cosas, más complicadas? La respuesta es no. La transformación que conserva distancias entre puntos del plano se llama **movimiento rígido**. Solo existen cuatro tipos de movimientos rígidos: traslaciones, rotaciones o giros, reflexiones o simetría axial, y **deslizamientos**. Estos últimos consisten en una reflexión seguida por una traslación en una dirección paralela al eje de simetría.

Los movimientos rígidos nos proporcionan una forma de expresar lo que queremos decir cuando nos referimos a una forma como **simétrica**: sigue siendo la misma cuando le aplicamos una reflexión, una rotación, una traslación o un deslizamiento.

Una mariposa posee simetría reflectiva, mientras que la de un copo de nieve es una simetría rotacional séxtuple.

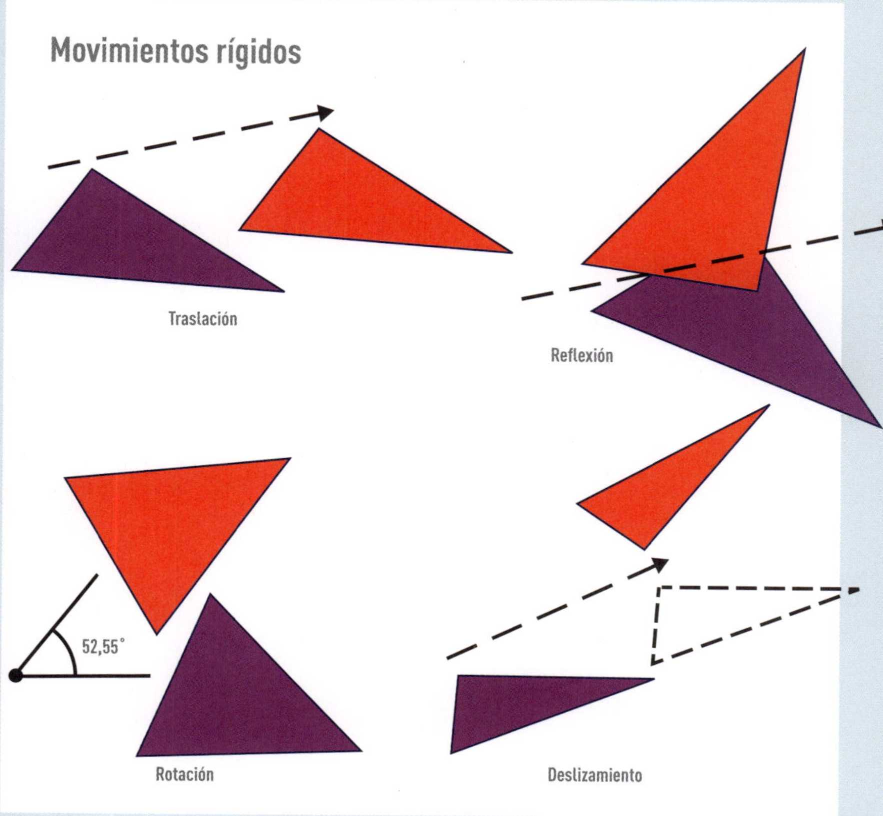

Los movimientos rígidos nos proporcionan una forma de expresar lo que queremos decir cuando nos referimos a una forma como simétrica: sigue siendo la misma cuando le aplicamos una reflexión, una rotación, una traslación o un deslizamiento.

7.3 Grupo de isometrías del friso

Los patrones se caracterizan por las simetrías que contienen. Aunque dos patrones pueden estar compuestos por elementos muy diversos, pueden mostrar los mismos tipos de simetría.

Los frisos o cenefas están presentes en cintas, bandas decorativas de edificios e incluso en las propias pisadas. El patrón de friso es el que tiene una **simetría de traslación** (*véase* el Tema 7.2), es decir, que puede deslizarse a lo largo de una distancia fija sin que su aspecto se vea alterado.

Los matemáticos distinguen los patrones de frisos por sus simetrías. El más sencillo, conocido como «huella», solo tiene simetría de traslación. Otros pueden contener más, como la «vuelta ladina», que posee simetría de traslación, simetría horizontal y vertical (no cambia cuando se refleja en un eje horizontal o vertical) y simetría de rotación. El patrón que encaja con la huella de nuestras pisadas al andar posee simetría de traslación, y el patrón sigue sin cambiar después de haberlo deslizado y reflejado sobre un eje horizontal.

Existen siete modos de combinar estas simetrías, que dan como resultado el denominado «grupo de isometrías del friso». Los artistas las descubrieron hace siglos y pueden observarse en la decoración de edificios antiguos. Pero los matemáticos no lograron demostrar que existían únicamente siete patrones —y no más— hasta el siglo XIX.

Los ejemplos más antiguos de los siete grupos de frisos proceden del Paleolítico: entre 25 000 y 10 000 a. C.

Los siete patrones

Huella
(simetría de traslación)

Paso
(simetría de traslación y de deslizamiento)

Salto
(simetría de traslación y horizontal)

Vuelta
(simetría de traslación y vertical)

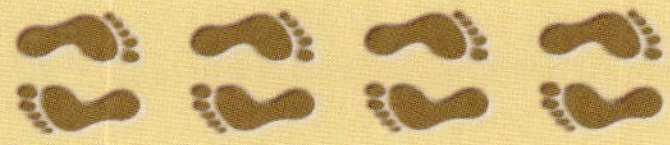

Ladino
(simetría de traslación y de rotación)

Vuelta a saltos
(simetría de traslación, rotación, horizontal y vertical)

Vuelta ladina
(simetría de traslación, rotación, deslizamiento y vertical)

Existen siete isometrías del friso. Todas poseen simetría de traslación y algunas además de rotación, horizontal, vertical y de deslizamiento.

7.4 Patrones de papel pintado

Dada la variedad casi infinita de diseños de papel pintado, tal vez le sorprenda saber que los matemáticos consideran que solo existen 17 tipos distintos.

Para los matemáticos, un patrón de papel pintado es aquel en el que un elemento básico, como una rosa en un diseño floral, se repite una y otra vez en dos direcciones distintas. Como el elemento se puede mover sin cambiarlo por cualquiera de las dos direcciones, el patrón posee dos simetrías de traslación. También puede ser que contenga simetrías de reflexión y de rotación, así como de deslizamiento.

Aunque el papel pintado antiguo puede tener un aspecto muy diferente al del diseño ultramoderno que ha elegido para su hogar, los dos pueden ser iguales en términos de simetría. Investigando todas las posibilidades, los matemáticos han identificado un total de 17 **grupos de papel pintado**. Cada uno de ellos registra una configuración particular de simetrías, aunque es interesante destacar que existen algunas restricciones. Por ejemplo, las rotaciones en un diseño de papel pintado solo pueden tener ángulos de 60, 90, 120 y 180 grados; no pueden encajarse los elementos básicos que componen un diseño que resulte en cualquier otro tipo de simetría rotacional. Es un fenómeno que observaremos en los embaldosados (*véase* el Tema 7.5).

Al menos se han encontrado 14 de los 17 posibles patrones de papel pintado en el palacio de la Alhambra de Granada.

El matemático ruso Evgraf Fedorov (1853-1919) demostró en 1891 que existen exactamente 17 grupos. Fedorov también era químico, y esta era su motivación para la demostración, ya que estos profesionales emplean simetrías para entender el comportamiento de los compuestos químicos.

Este motivo repetitivo de estrellas se encuentra en el revestimiento de un muro de la Alhambra de Granada.

7.5 Embaldosado

Si alguna vez se ha preguntado por qué la mayoría de las baldosas y azulejos son cuadrados, aquí se lo explicamos.

No hay muchos polígonos regulares (*véase* el Tema 2.2) que sirvan para embaldosar un plano. Las únicas opciones son los triángulos equiláteros, los cuadrados y los hexágonos regulares, que encajan para darnos el conocido diseño del panal de abejas.

Intente encajar una serie de pentágonos regulares y pronto se rendirá. Es fácil saber por qué. Los ángulos interiores de un pentágono regular son de 108 grados. Si quiere que las esquinas de las baldosas adyacentes confluyan en un mismo punto, tendrá que encajar un número determinado de baldosas alrededor de ese punto, para que la suma de sus ángulos sea de 360 grados.

Tres pentágonos juntos dan 108 x 3 = 324 grados, lo cual no es suficiente y quedará un espacio vacío.

Cuatro pentágonos dan 108 x 4 = 432 grados, que es demasiado, así que se solaparán. El teselado no tiene solución.

Existen más opciones de embaldosado o teselado aparte de las baldosas de polígonos regulares: desde simples rectángulos hasta estrellas (*véase* la pág. 169).

Suponga que intenta compensar las baldosas, de modo que la esquina de una quede en algún punto de un lado de la adyacente. Ese lado, que será recto, tomará 180 grados. A continuación, un único pentágono colocado con su esquina en algún punto del lado tomará otros 108 grados. Esto deja 180 – 108 = 72 grados por cubrir, insuficiente para otro pentágono. Se puede demostrar de manera similar que ningún polígono regular de más de seis lados sirve para embaldosar el plano.

Patrones de embaldosado

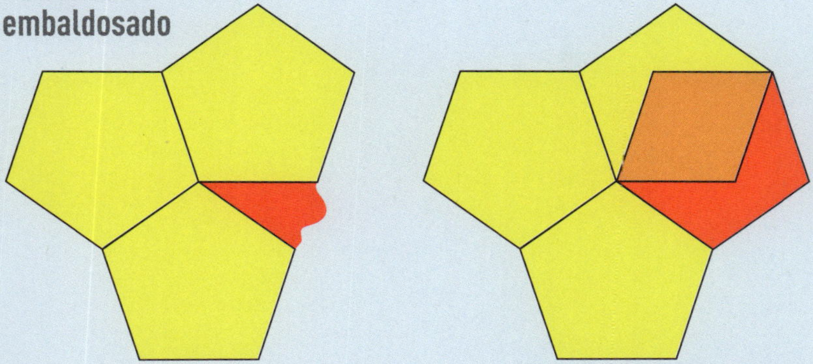

Tres pentágonos dejan un hueco.

Cuatro pentágonos se solapan.

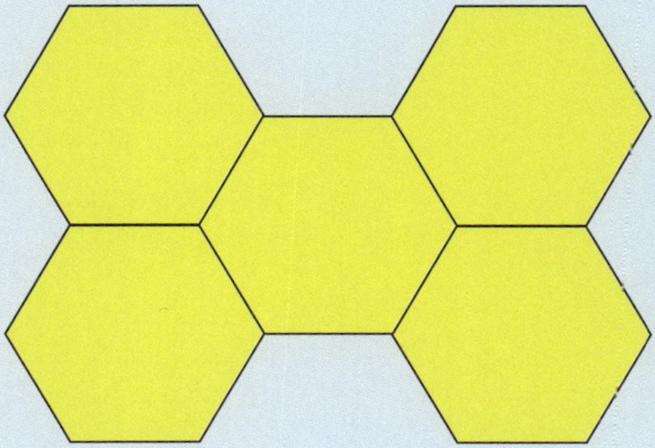

De todas las formas de dividir una superficie en celdas de igual superficie, el diseño de panal formado por hexágonos tiene el perímetro más corto.

Aunque los pentágonos son polígonos que no sirven para embaldosar, no es este el caso de los hexágonos, con los que se obtiene el conocido diseño del panal de abejas.

7.6 Embaldosados aperiódicos

Descubrir un teselado que no se repita es más difícil de lo que podría imaginar.

En general, los embaldosados de un plano que primero nos vienen a la cabeza son periódicos: consisten en alguna unidad básica que se repite una y otra vez en todas las direcciones.

Aun así, también es posible realizar embaldosados que no sean periódicos. Tome un teselado cuadrado, por ejemplo. Divida cada uno de los cuadrados en dos rectángulos iguales. Use una línea vertical para todos los cuadrados menos uno. Para el último cuadrado use una línea horizontal. Sea cual sea la dirección en la que se mueva, nunca volverá a encontrarse con el cuadrado dividido en horizontal, de modo que el teselado no será periódico. Este ejemplo es un poco aburrido, porque solo esa pequeña diferencia convierte el embaldosado en **no periódico**. Los rectángulos empleados también pueden producir un embaldosado periódico.

La cuestión es: ¿existen conjuntos de baldosas que *solo* produzcan un embaldosado aperiódico? La respuesta es sí. Un ejemplo es el teselado de Penrose de la página 169, llamado así por el matemático, físico y filósofo inglés Roger Penrose. El rombo delgado y el rombo grueso no pueden usarse para un teselado periódico, pero sí producen uno no periódico. Y a diferencia de nuestro ejemplo anterior, este no contiene grandes zonas aleatorias que sean periódicas. Los embaldosados que poseen esta propiedad son aperiódicos.

En 1997, Penrose demandó a la empresa Kleenex por usar uno de sus teselados para repujar papel higiénico. Ganó el pleito.

Teselados aperiódicos

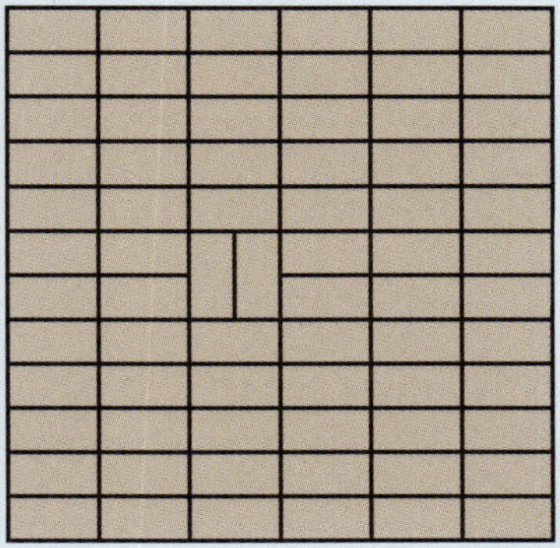

Teselado no periódico

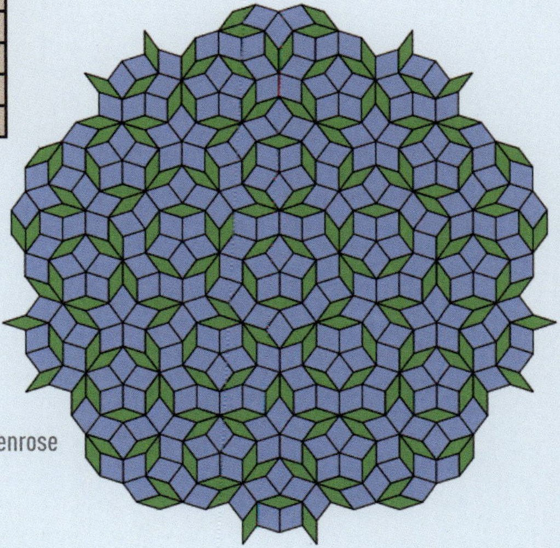

Teselado de Penrose

La imagen superior muestra un teselado no periódico: puede desplazarse en cualquier dirección y nunca se repetirá el mismo diseño. El teselado de Penrose (abajo) es aperiódico.

7.7 Soluciones simétricas

Determinados problemas pueden presentar simetrías, y saberlo nos puede ayudar a encontrar soluciones.

Si le gustan los sudokus, le alegrará saber que existen 6 670 903 752 021 072 936 960 maneras distintas de rellenar la cuadrícula de un sudoku en blanco. Cada una de ellas es la solución a un rompecabezas, así que todavía le quedan un montón por resolver.

Pero ¡espere! A partir de una cuadrícula completada puede crearse una segunda rotando todos los números de la primera cuadrícula 90 grados, o reflejándolos sobre el eje de simetría vertical del cuadrado. Una vez tenidas en cuenta todas estas simetrías, le quedarán solamente 5 472 730 538 soluciones diferentes, y por tanto muchos menos rompecabezas por resolver.

Lo que acabamos de descubrir es que algunos problemas admiten soluciones simétricas: una vez haya descubierto una solución, puede crear otra simplemente girando de algún modo los «objetos» que componen el problema (números en el caso del sudoku).

Percatarse de estas simetrías puede ser de utilidad para determinadas situaciones que impliquen resolver un problema sujeto a restricciones, como elaborar unos horarios o asignar recursos.

Las ecuaciones también admiten soluciones simétricas: tanto x como $-x$ son soluciones a $y = x^2$.

Simetría en los sudokus

1	2	5	3	7	8	9	4	7
3	7	8	9	6	4	2	1	5
4	9	6	1	2	5	8	3	7
2	6	9	4	5	3	1	7	8
8	4	1	7	9	2	6	5	3
5	3	7	8	1	6	4	9	2
9	1	2	5	8	7	3	6	4
6	5	3	2	4	9	7	8	1
7	8	4	6	3	1	5	2	9

7	6	9	5	8	2	4	3	1
8	5	1	3	4	6	9	7	2
4	3	2	7	1	9	6	8	5
6	2	5	8	7	4	1	9	3
3	4	8	1	9	5	2	6	7
1	9	7	6	2	3	5	4	8
5	7	3	4	6	1	8	2	9
2	8	6	9	5	7	3	1	4
9	1	4	2	3	8	7	5	7

En este ejemplo, la segunda cuadrícula es la misma que la primera con una rotación de 90 grados en el sentido de las agujas del reloj.

Cuando se programa un ordenador para que resuelva todas las casillas de un sudoku, si se tiene en cuenta la simetría se evita que el programa malgaste un valioso tiempo intentando encontrar soluciones que son básicamente las mismas.

7.8 Teorema de Noether

Tal vez ya sepa que, en física, determinadas cantidades siempre se conservan. Según el teorema de Noether, estas leyes de conservación están íntimamente relacionadas con la simetría.

Un ejemplo de una cantidad conservada es la energía. Cuando una bola de billar choca contra otra bola y después se detiene por completo, su energía no se ha perdido. Por el contrario, la energía de la primera bola se ha transferido a la segunda. Otros ejemplos de cantidades conservadas son el **momento** (una medida de «cuánto movimiento» hay en un objeto que se traslada en línea recta) y el **momento angular** (el análogo para un movimiento rotacional). El momento de la primera bola de billar no desaparece, sino que se transfiere a la segunda, y lo mismo ocurriría si las bolas siguieran una ruta circular.

El *teorema de Noether* dice que estas leyes de conservación tienen su equivalente en la simetría. Si un sistema físico (una mesa de billar con sus bolas) se comporta del mismo modo independientemente de su orientación en el espacio —por lo que posee simetría rotacional—, conserva su momento angular. Y si se comporta del mismo modo independientemente del momento temporal en que ocurra —por lo que posee simetría de traslación—, esto implica una conservación de energía.

El teorema de Noether demuestra que existe un profundo vínculo entre la física y la simetría. Todas las teorías de la física moderna que describen los elementos básicos de la naturaleza se basan en el concepto de simetría.

Albert Einstein consideraba a Emmy Noether «un genio matemático creativo».

Momento angular

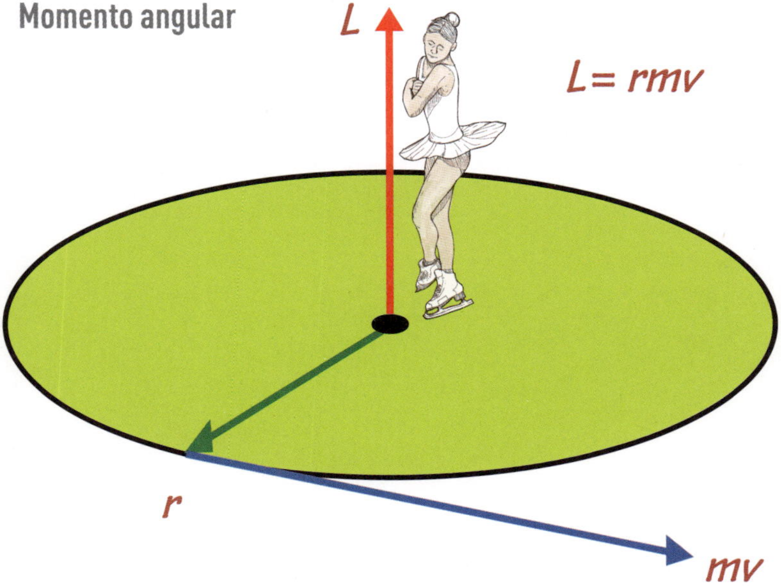

La magnitud del momento angular *(L)* depende de la velocidad de rotación *(v)* y del tamaño del objeto, calculado por la distancia desde el centro de la rotación (*r*).

La conservación del momento angular explica por qué, por ejemplo, el movimiento de giro de la patinadora artística se acelera si repliega los brazos: cuando la distancia *(r)* disminuye, la velocidad *(v)* se debe incrementar para que el momento angular *(L)* permanezca constante.

7.9 Teoría de grupos

Los conjuntos de simetrías forman estructuras interesantes que aparecen en las matemáticas y la ciencia.

Siempre que la simetría se aplica a un objeto —por ejemplo, la reflexión de un cuadrado—, seguida de otra simetría —pongamos que rotacional—, el resultado es también una simetría. Esto se debe a que si algo se deja inalterado dos veces equivale a dejarlo inalterado en general. Además, una simetría puede «deshacerse» con otra simetría. Por ejemplo, la rotación de un ángulo determinado en el sentido de las agujas del reloj puede deshacerse con el movimiento correspondiente en el sentido contrario. La operación de no hacer nada (aunque parezca obvio) es también una simetría.

Los matemáticos han sacado estas propiedades (más una cuarta) de sus contextos específicos y han definido estructuras generales llamadas **grupos**. Un grupo es un conjunto de objetos —cualquiera sirve— más una operación para combinar dos objetos (para ello escribimos el signo +) que cumplen con las siguientes reglas:

1. Si a y b son objetos del grupo, también lo es $a + b$.
2. Existe un objeto identidad e, así que para todos los otros objetos a, tenemos $a + e = e + a = a$ (e corresponde a «no hacer nada»).
3. Todo objeto a tiene un inverso b, de modo que $a + b = e$.
4. $(a + b) + c = a + (b + c)$ (cuando se combinan tres objetos en un orden determinado, no importa cuál de los dos pares vaya primero).

El conjunto de números enteros, junto con la operación de sumar, forma un grupo porque cumple las cuatro reglas.

Grupos de Lie

El *grupo excepcional de Lie* E_8, importante en física.

Los resultados de la teoría de grupos pueden aplicarse a cualquier contexto donde aparezcan grupos, desde la investigación de las simetrías de una forma hasta las simetrías que se encuentran en las ecuaciones de física.

7.10 Grupos simples finitos

Después de definir los grupos como estructuras abstractas, los matemáticos se preguntaron qué tipos de grupos distintos podían existir. Esto derivó en la demostración más larga de la historia de las matemáticas.

Al igual que los números naturales pueden expresarse como productos de números primos (*véase* el Tema 1.5), un grupo puede desglosarse en grupos componentes, que a su vez no pueden desglosarse más. Estos componentes se llaman **grupos simples**. Para entender las diferentes estructuras que puede tener un grupo, en la década de 1970 los matemáticos se dispusieron a clasificar todos los grupos simples finitos, es decir, los grupos simples que están compuestos por objetos finitos.

La tarea resultó ser monumental. La clasificación, y la demostración de que está completa y que es correcta, abarcó más de 10 000 páginas, se publicó en unos 500 artículos de revistas especializadas e implicó a más de 100 autores diferentes de todo el mundo. Se emplearon otros siete años para subsanar los errores encontrados en la prueba original, y eso dio paso a más libros.

La clasificación, por fin completada en 2004, identifica 18 familias infinitas de grupos simples finitos, y otros 26 grupos individuales, llamados grupos esporádicos, que no encajan en las 18 familias. En la actualidad solo existe un grupo muy reducido de matemáticos en todo el mundo que entiende la demostración completa. Están trabajando a fondo para encontrar una versión más simple, para que la gente de a pie también la pueda entender.

El grupo esporádico más grande es el Monstruo y está compuesto por 808 017 424 794 512 875 886 459 904 961 710 757 005 754 368 000 000 000 objetos.

Tictac

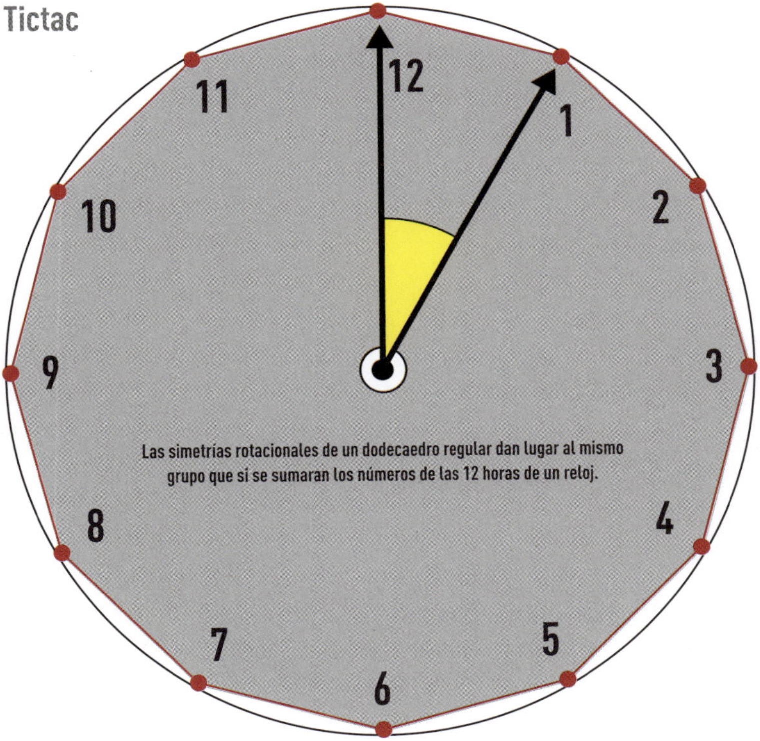

¿Qué otros tipos de grupos abstractos existen además del dodecaedro de la imagen? Este es el tipo de pregunta que aborda la clasificación de grupos simples finitos.

CAMBIO

8

Las matemáticas nos proporcionan métodos eficaces y precisos para describir el cambio. Empezaremos este capítulo con las relaciones de recurrencia, que incluyen ecuaciones que captan la relación entre el valor de algo del año en curso, por ejemplo, el tamaño de una población de animales, y el año siguiente. Este tipo de descripción del cambio a lo largo del tiempo es un ejemplo de un sistema dinámico.

Estas ecuaciones pueden mostrar un sinfín de comportamientos. Por ejemplo, con el tiempo la población descrita por una de estas ecuaciones puede atravesar un ciclo de repetición de valores. O puede estabilizarse en algún valor individual, conocido como un atractor del sistema. Un famoso atractor, que tiene el aspecto de una mariposa, es el de Lorenz. De todos modos, no es este atractor con forma de mariposa la fuente del famoso efecto mariposa de Lorenz.

El efecto mariposa fue la forma que Lorenz empleó para ilustrar la sensibilidad de determinados modelos matemáticos: si se ponen en marcha dos modelos de simulación desde puntos de inicio algo diferentes, aunque estos difieran solo en el aleteo de una mariposa, los resultados pueden ser tremendamente distintos.

Esta sensibilidad es distintiva del caos matemático. El caos explica por qué algunos sistemas dinámicos son difíciles de describir o predecir. Por ejemplo, los modelos usados para pronosticar el tiempo meteorológico pueden ser caóticos. Lorenz descubrió el efecto mariposa cuando trabajaba en el ordenador con simulaciones de modelos meteorológicos. La meteorología se representa con ecuaciones diferenciales que describen cómo los cambios de presión y velocidad de cualquier fluido están vinculados entre sí. Son diabólicamente difíciles de resolver, aunque domine este tipo de ecuaciones.

Contenido

8.1 Relaciones de recurrencia

Cómo predecir el futuro mediante sucesos del pasado.

Suponga que tiene una población de animales y quiere hacer un cálculo de cuántos tendrá el año próximo. Sabe que, si hay menos animales, tendrán espacio y alimento suficientes para crecer, y la población se incrementará. Por el contrario, si hay muchos animales el alimento escaseará y la población declinará. Una conocida ecuación que describe este tipo de situación es:

$$p_{\text{año próximo}} = 2p_{\text{este año}}(1 - p_{\text{este año}}).$$

En este caso, $p_{\text{año próximo}}$ y $p_{\text{este año}}$ son las proporciones de animales vivos (este año y el siguiente, respectivamente) entre un número máximo posible. Esta ecuación es un ejemplo de una **relación de recurrencia**, en que la cantidad medida en cada paso depende de la cantidad anterior, y muestra el comportamiento arriba mencionado.

Si $p_{\text{este año}}$ es menos de la mitad, hay espacio para crecer, y $p_{\text{año próximo}}$ será mayor.

Si $p_{\text{este año}}$ es más de la mitad, entonces habrá demasiados animales y $p_{\text{año próximo}}$ será menor.

Si $p_{\text{este año}}$ es exactamente la mitad, el tamaño de la población no cambia.

Este modelo simplificado no describe en absoluto todas las poblaciones animales, pero es un ejemplo interesante de un **sistema dinámico determinista**. En teoría, empezando por una población inicial, se puede calcular el tamaño de la población para todos los años venideros, una y otra vez.

En la década de 1970, el biólogo Robert May empleó por primera vez ecuaciones como esta para crear modelos de crecimiento de población.

¿Cuántas cebras habrá el año próximo? La ecuación de nuestro ejemplo es la de un mapa logístico. En general, estos tipos de mapa muestran ecuaciones de la forma $y = rx(1 - x)$, donde r es un número real.

8.2 Atractores

El ejemplo de la población de animales del Tema 8.1 posee una característica interesante: el tamaño se estabilizará siempre en el mismo valor al cabo de unos años.

Sea cual sea la proporción de población inicial (excluyendo 0 y 1), tras aplicar unas pocas veces la ecuación del Tema 8.1 la proporción de la población se acercará a ½ y se irá acercando cada vez más a medida que siga aplicando la ecuación. En este caso «½» es un **atractor** del sistema.

Muchos sistemas dinámicos poseen atractores. La ilustración de la derecha muestra el **atractor de Lorenz**. Surge de un conjunto de ecuaciones que mueven puntos por el espacio tridimensional, creando complejas trayectorias. El atractor de Lorenz es famoso por su delicada forma de mariposa. De hecho, posee la estructura compleja de un **fractal** (*véase* el Tema 10.3). El matemático y meteorólogo Edward Lorenz desarrolló el sistema en la década de 1960 para poder entender el comportamiento de la atmósfera terrestre.

Resulta útil encontrar atractores dentro de un sistema dinámico, porque su presencia significa que puede calcularse el comportamiento a largo plazo del sistema (por ejemplo, en cuántos habitantes llegará a estabilizarse una población), por lo menos para esos valores iniciales que atrae.

Edward Lorenz popularizó el término «efecto mariposa» para describir el caos matemático (*véase* el Tema 8.4).

Los atractores que poseen una estructura fractal, como el de esta imagen, se denominan atractores extraños.

8.3 Periodicidad

Incluso los sistemas dinámicos complicados pueden caer en patrones regulares.

Como bien sabrá un jugador de billar aficionado, el camino que sigue la bola en la mesa de billar es por lo general bastante complicado. No obstante, si se lanza la bola desde una de las esquinas de la mesa, para que forme un ángulo recto (evitando el bolsillo), puede generar una trayectoria bastante predecible: la bola irá hacia delante y hacia atrás entre dos puntos opuestos, rehaciendo una y otra vez su camino. En una situación ideal, sin masa ni fricción que impidiera el curso de la bola, seguiría haciéndolo de forma infinita.

Este es un ejemplo de **periodicidad**: un sistema dinámico cae en un patrón regular y se queda atrapado para siempre. El comportamiento periódico es algo que ocurre en muchos sistemas dinámicos. Las poblaciones animales pueden oscilar entre dos o más valores, los planetas siguen las mismas órbitas alrededor del Sol para siempre jamás, y una onda sinusoide traza la misma forma ondulada una y otra vez.

El comportamiento periódico puede ser *estable*: desvíe ligeramente una trayectoria periódica y al poco tiempo se volverá a estabilizar. Pero el comportamiento periódico puede ser asimismo inestable, como un lápiz sostenido sobre su punta: cualquier pequeño cambio lo desviaría de su curso.

La Luna creciente y menguante es un ejemplo de comportamiento periódico

Trayectoria de la bola de billar

Trayectoria predecible de una bola de billar lanzada desde un lado de la mesa.

8.4 Efecto mariposa

¿Podría el aleteo de una mariposa en Brasil provocar un tornado en Texas?

Esta es la pregunta que Edward Lorenz (1917-2008) formulaba en su famoso artículo de 1972, que introdujo la idea del **efecto mariposa**. Su razonamiento era que «dos situaciones meteorológicas que difieren tan poco entre sí como la influencia inmediata de una sola mariposa, al cabo de un tiempo suficiente por lo general evolucionarán hacia dos situaciones que difieren tanto como la presencia de un tornado».

En matemáticas esto se conoce como **dependencia sensible de las condiciones iniciales**. La idea es que, si aplica sus ecuaciones matemáticas que representan una situación determinada a dos conjuntos de valores iniciales que difieren solo un poco, puede terminar con respuestas inmensamente diferentes. Lorenz lo descubrió por primera vez en 1961, cuando repitió una simulación por ordenador para el pronóstico del tiempo. La primera vez que ejecutó la simulación empezó con un valor inicial de 0,506127. La segunda vez Lorenz tecleó el número manualmente, redondeándolo a 0,506. Nadie por entonces se hubiera imaginado que una diferencia tan pequeña tendría algún impacto. Pero Lorenz se sorprendió al ver que desembocaba en pronósticos muy diferentes.

La sensibilidad de las condiciones iniciales es ahora uno de los sellos distintivos del caos matemático. Y no solo aparece en ecuaciones complejas como las que se utilizan para representar el tiempo meteorológico. Incluso unos simples mapas logísticos como los del Tema 8.1 pueden presentar el efecto mariposa.

A Lorenz le gustaba más la imagen de una gaviota provocando una tormenta, pero cambió a la mariposa después de que Merilees lo sugiriera como título para el artículo de 1972.

La imagen muestra un *conjunto de Julia*, que surge de un sistema dinámico muy relacionado con la familia de los mapas logísticos. La dinámica presenta el efecto mariposa en los límites de la compleja forma.

8.5 Caos

En matemáticas, el caos se manifiesta cuando «el presente determina el futuro, pero el presente aproximado no determina aproximadamente el futuro» (Edward Lorenz).

Cuando los matemáticos hablan del caos de un sistema dinámico suelen referirse a que el sistema muestra una dependencia sensible de las condiciones iniciales (*véase* el Tema 8.4). Es decir, que un minúsculo cambio en las condiciones iniciales (por ejemplo, el tiempo que hace hoy) puede llevar a resultados tremendamente diferentes en un estadio posterior (el tiempo del mes próximo).

Para comprender por qué es interesante el caos, piense que puede ocurrir en **sistemas completamente deterministas**, es decir, que no implican ningún tipo de azar. Por ejemplo, si está familiarizado con las leyes de la física, debería poder calcular de forma exacta la trayectoria de una bola de billar sobre la mesa (*véase* la pág. 187). Pero en el mundo real, la bola no es solo un punto ideal como imaginó en sus clases de física. En la práctica, nunca será capaz de determinar las condiciones iniciales —la ubicación de la bola y la fuerza con la que la dispara— con un 100 % de precisión. Puesto que la menor inexactitud puede provocar el efecto bola de nieve y crecer de forma desproporcionada, esto significa que su trayectoria calculada y la real pueden llegar a ser espectacularmente distintas. Incluso un sistema determinista puede ser impredecible: también el orden perfecto puede dar lugar al caos.

El caos matemático es una razón por la cual nos cuesta tanto predecir muchos fenómenos de la vida real, como el tiempo meteorológico o el mercado bursátil.

Los matemáticos solo empezaron a entender plenamente el caos en la década de 1960, con la llegada de los ordenadores.

Los péndulos dobles proporcionan una impactante ilustración física del comportamiento caótico, captado en esta imagen por Michael G. Devereux después de pegar unos leds a cada parte del péndulo.

8.6 Pronóstico del tiempo

Para saber si mañana necesitará el paraguas, tendrá que lidiar con el caos.

El tiempo meteorológico es el resultado de complicadas interacciones de la atmósfera, los océanos y la energía proveniente del Sol. Los pronósticos se producen mediante complicados modelos matemáticos que describen estas interacciones mediante las leyes de la termodinámica y las ecuaciones de Navier-Stokes (*véase* el Tema 8.10). Pero estos modelos meteorológicos son caóticos: cualquier pequeña diferencia en las condiciones iniciales puede resultar en pronósticos muy diferentes (*véase* el Tema 8.4). El problema es incluso más acusado, porque es imposible calcular las condiciones iniciales de forma exacta para después introducirlas en el modelo para dar paso al proceso de pronóstico.

En lugar de ello, los pronosticadores empiezan con medidas de parámetros que incluyen la temperatura, el viento y la presión atmosférica tomadas en puntos de una cuadrícula tridimensional que cubre toda la superficie del mundo. Estos se usan como puntos iniciales para el modelo que a continuación simula el tiempo para un determinado momento del futuro. Para poder superar la sensibilidad de las condiciones iniciales, el modelo simula el tiempo un gran número de veces, cada vez con condiciones iniciales ligeramente distintas. Este pronóstico conjunto predice la probabilidad de diferentes pronósticos: si 30 de las simulaciones pronostican lluvia para mañana, entonces el pronóstico global es de un 30 % de probabilidades de que llueva.

Los superordenadores que se usan para el pronóstico del tiempo pueden realizar más de 16 000 billones de cálculos por segundo.

Cartografía del tiempo atmosférico

Los modelos que se emplean para pronosticar el tiempo se basan en una cuadrícula tridimensional que cubre todo el planeta. Las casillas de la rejilla son mucho más cerradas sobre zonas importantes y densamente pobladas, y mucho más abiertas en otros puntos.

8.7 Conjunto de Mandelbrot

El conjunto de Mandelbrot es una estructura asombrosa: no importa cuánto se acerque, su silueta sigue permaneciendo tan corrugada como antes.

El conjunto de Mandelbrot es un ejemplo de *fractal* (*véase* el Tema 1.3), y tiene un profundo significado matemático. Cada punto *p* de la imagen de la página 195 representa una ecuación *D(p)*, que describe puntos que se mueven por el plano. Si *p* cae en el interior del conjunto de Mandelbrot, entonces la trayectoria del punto (0,0) bajo iteraciones de *D(p)* queda acotada a alguna zona finita del plano. Si *p* no forma parte del conjunto de Mandelbrot, entonces la trayectoria del punto (0,0) bajo iteraciones de *D(p)* escapa hacia el infinito. Esta simple dicotomía es lo que define al conjunto de Mandelbrot, de una complejidad infinita.

Todos los sistemas dinámicos *D(p)* que quedan en el interior de la principal zona negra del conjunto de Mandelbrot poseen un punto fijo que también es un atractor (*véanse* los Temas 8.2 y 8.3). Los sistemas dinámicos que quedan en el interior de zonas negras anexas a la parte principal tienen atractores periódicos que oscilan entre más de un valor. Los matemáticos creen que esto es verdad para todas las zonas negras que componen el conjunto de Mandelbrot, no solo para las anexas a la principal. Pero nadie ha conseguido demostrarlo todavía. Esta sigue siendo una cuestión abierta muy importante de la teoría de los sistemas dinámicos.

El conjunto de Mandelbrot recibe el nombre de su inventor, Benoit Mandelbrot (1924-2010), que también descubrió muchos otros fractales en la década de 1970.

Sistemas dinámicos

La marca de cada zona indica el periodo de los ciclos periódicos que poseen los correspondientes sistemas dinámicos.

Cada punto de esta imagen representa un número complejo *p*, que a su vez define a un sistema dinámico *D(p)* (tal como se explica en la página 194). El conjunto de Mandelbrot se define por el comportamiento de los sistemas dinámicos *D (p)*.

8.8 El problema de los tres cuerpos

Cuando Isaac Newton definió la gravedad en el siglo XVII, sin querer también descubrió el primer ejemplo de caos.

Es posible resolver las ecuaciones de Newton para dos cuerpos grandes (como la Tierra moviéndose alrededor del Sol), para proporcionar una descripción exacta de las órbitas de estos dos cuerpos. Pero al introducir un tercer elemento es cuando empiezan los problemas.

La influencia gravitatoria entre tres cuerpos grandes crea complicaciones y ninguna fórmula general puede proporcionar una descripción exacta de estas órbitas todo el tiempo. De hecho, estos sistemas de tres cuerpos pueden presentar caos.

No obstante, si el tercer cuerpo es pequeño en comparación con los otros dos, por lo que su influencia gravitatoria sobre ellos es insignificante, se pueden describir las órbitas de los tres cuerpos para algunos casos especiales en que el tercer cuerpo, más pequeño, permanece en una posición fija con respecto a los dos cuerpos mayores.

Fue Leonhard Euler, el matemático del siglo XVIII, quien descubrió los tres primeros casos especiales y describió las órbitas para un cuerpo más pequeño que se encuentre en tres puntos de una línea recta que atraviese los dos cuerpos más grandes. Más o menos por la misma época, Joseph-Louis Lagrange (1736-1813) también descubrió estos tres casos, así como dos puntos más que sitúan al cuerpo más pequeño en la tercera esquina de un triángulo equilátero que forma con los dos cuerpos más grandes.

Newton dijo que la solución exacta al movimiento de tres cuerpos «excede el poder de cualquier mente humana».

Puntos de Lagrange

Los puntos de Lagrange L4 y L5 son estables si la razón entre las masas de los cuerpos más grandes es superior a 24,96.

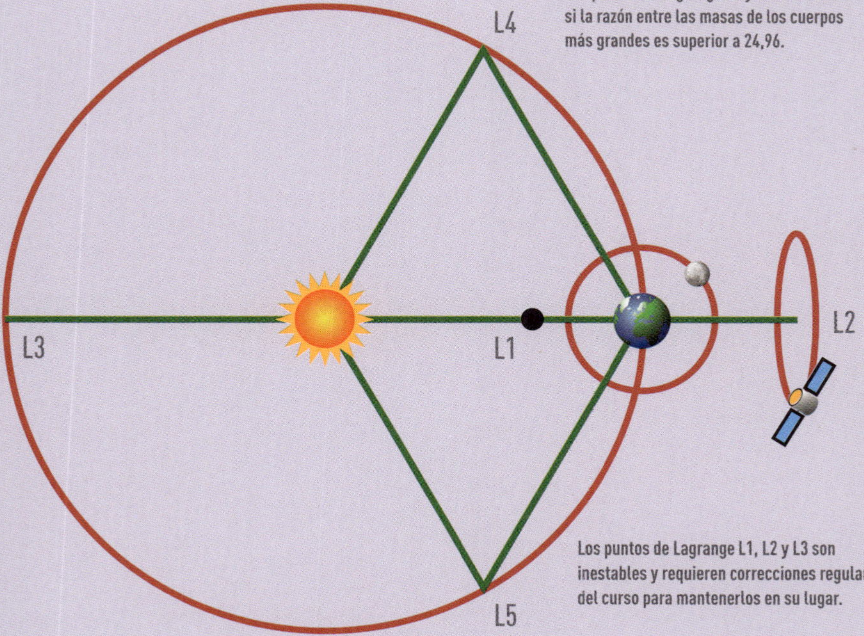

Los puntos de Lagrange L1, L2 y L3 son inestables y requieren correcciones regulares del curso para mantenerlos en su lugar.

Los astrónomos han utilizados los puntos de Lagrange en sus observatorios espaciales. El satélite SOHO observa el Sol desde el punto L1, y el satélite Planck observa el espacio profundo desde L2.

8.9 Ecuaciones diferenciales

Las descripciones científicas del mundo que nos rodea describen sin excepción cómo cambian las cosas que nos interesan, como la velocidad, la dirección, la potencia o la energía.

Si se deja caer una pelota desde lo alto de un edificio, ¿a qué velocidad irá al cabo de diez segundos? Para poder responder a esta pregunta deberá resolver una **ecuación diferencial**, que describe cómo el cambio en un valor que le interesa varía con respecto a una variable determinada. En este caso, la ecuación diferencial describe cómo la velocidad de la pelota cambia con respecto al tiempo.

Ignorando complicaciones como la resistencia del aire, sabemos que la tasa de cambio de la velocidad de cualquier objeto que caiga es solo su aceleración debida a la gravedad: 9,8 metros por segundo al cuadrado. Por tanto, nuestra ecuación diferencial es:

$$v'(t) = 9{,}8,$$

donde $v'(t)$ es la tasa de cambio de la velocidad del objeto con respecto al tiempo.

La solución a una ecuación diferencial no es un número, sino una función. En este caso, la función $v'(t)$ describe la velocidad del objeto en cualquier momento t. En el caso de ecuaciones diferenciales simples como esta, existen métodos estándar para encontrar una solución. (La solución a nuestro ejemplo es $v'(t) = 9{,}8t$, así que después de $t = 10$ segundos, la pelota cae a una velocidad de 98 metros por segundo). Pero no existen métodos conocidos para resolver ecuaciones diferenciales mucho más complicadas.

La primera vez que se emplearon ecuaciones diferenciales fue en el estudio que Newton realizó sobre las órbitas gravitatorias de tres o más cuerpos (*véase* el Tema 8.8).

Un modelo más realista de la caída de un objeto sería una ecuación diferencial que también incluya la resistencia del aire (la constante *k* de la ecuación) y la masa (la constante *m*) del objeto. Este modelo explicaría por qué no todos los objetos caen a la misma velocidad.

8.10 Ecuaciones de Navier-Stokes

El caos en acción puede observarse en el flujo de las aguas turbulentas de un río.

Si dejara caer dos palos desde la orilla de un río, uno cerca del otro, podrían acabar siguiendo trayectorias totalmente distintas corriente abajo. El flujo de cualquier fluido —turbulento o tranquilo— está gobernado por un conjunto de ecuaciones conocidas como las **ecuaciones de Navier-Stokes**. Se trata de ecuaciones diferenciales (*véase* el Tema 8.9) que describen cómo los cambios de velocidad (calculada en tres direcciones), presión y viscosidad del fluido están relacionados entre sí.

Las ecuaciones de Navier-Stokes son más complicadas que el ejemplo del tema anterior. Una ecuación diferencial que solo depende de una variable (como el tiempo) se llama **ecuación diferencial ordinaria**. En las ecuaciones de Navier-Stokes, la velocidad, la presión y la viscosidad cambian con respecto al tiempo, pero también con respecto a la posición en el espacio. Las ecuaciones diferenciales que dependen de más de una variable se llaman **ecuaciones en derivadas parciales (EDP)**.

Una solución a estas ecuaciones significaría que podría escribirse una ecuación para la velocidad y la presión para cada punto del espacio y del tiempo. Al igual que con muchas otras ecuaciones diferenciales complicadas, nadie conoce la fórmula que pueda dar una solución general a las ecuaciones de Navier-Stokes. Además, ni tan siquiera sabemos si existe una solución, en especial una que tenga sentido en términos de la realidad física de los fluidos que describen estas ecuaciones.

Si encontrara las respuestas a estas preguntas sobre las ecuaciones de Navier-Stokes, se haría millonario.

Las ecuaciones de Navier-Stokes describen cómo los cambios en la velocidad (calculados en tres direcciones *u*, *v* y *w*) están relacionados con la presión *(P)* y la viscosidad del líquido (el parámetro *Re*).

LÓGICA

9

Las matemáticas tal vez sean el único campo en el que es posible una certeza absoluta sobre algo. Para ser aceptado como válido, un resultado matemático tiene que demostrarse con rigor a partir de un conjunto de axiomas básicos, empleando las reglas de la lógica. Una vez se ha demostrado un resultado, se sabe con certeza que es verdadero, siempre y en cualquier lugar.

En este capítulo analizaremos el concepto de la verdad matemática. Examinaremos las reglas de la lógica y la idea de que las matemáticas se deberían basar en un conjunto cerrado de axiomas: verdades evidentes que nadie podría cuestionar y que no precisarían pruebas. Descubriremos cómo en un mundo donde todo es verdadero o falso se puede evaluar la verdad de proposiciones complejas mediante las tablas de verdad, y cómo los ordenadores modernos se basan en la lógica subyacente de verdadero/falso.

También examinaremos dos de los métodos más importantes para demostrar algo: la prueba por contradicción, que asume que una premisa que lleva a una contradicción debe ser falsa; y la prueba por inducción, que permite demostrar algo sobre infinitas afirmaciones a la vez, sin tener que hacerlo de forma individual. También descubriremos cómo las pruebas matemáticas, durante milenios una prerrogativa del cerebro humano, en la actualidad corren a cargo de los ordenadores.

Y justo cuando empiece a creer que las matemáticas lo tienen todo controlado, introduciremos un resultado espectacular que implica que, incluso en el mundo de las matemáticas, las cosas no son necesariamente verdaderas o falsas. En cierto sentido, las matemáticas son una cuestión de opinión.

Contenido

9.1 Las reglas de la lógica

Todos sabemos que la verdad puede ser difícil de encontrar, pero ¿existen afirmaciones que sean siempre verdaderas, de una forma definitiva?

Los filósofos han ponderado esta cuestión durante milenios y su conclusión son tres ideas conocidas como las leyes del pensamiento tradicionales:

La primera es el principio de la identidad, que puede expresarse como «toda cosa es igual a sí misma».

La segunda es el principio de la no contradicción, que puede expresarse como «nada puede ser y no ser al mismo tiempo». Algo es un gato o no es un gato; quiere una taza de café o no la quiere; esta ley parece ser incuestionablemente verdadera para la mayoría de las cosas más comunes.

La tercera ley de pensamiento es la del principio del tercero excluido: «todo tiene que ser o no ser». Aunque la segunda ley dice que nada puede abarcar a la vez los campos de ser y de no ser, la tercera afirma que tampoco nada se puede escapar de esos dos campos.

Estas leyes pueden traducirse en las **reglas de la lógica**. Por ejemplo, si se escribe A para una afirmación (por ejemplo, «la Tierra es redonda») y NO A para su negación («la Tierra no es redonda»), la primera ley implica que A = A. La segunda ley dice que ambas proposiciones, A y NO A, no pueden ser verdad al mismo tiempo. La tercera dice que una de las proposiciones A o NO A tiene que ser verdadera.

Las tres leyes se remontan a los antiguos griegos, pero eso no evita que en la actualidad los filósofos sigan discutiendo sobre ellas.

Esta imagen de *La escuela de Atenas* de Rafael muestra a Platón (izquierda) y a Aristóteles (derecha). Ambos desempeñaron un papel importante en el desarrollo de las leyes del pensamiento.

9.2 Sistemas axiomáticos

Lo ideal sería que las matemáticas se redujeran a una serie de axiomas: verdades evidentes que se usan como punto de inicio a partir del cual otros hechos matemáticos pueden deducirse por lógica.

Los axiomas de Euclides para la geometría plana (*véase* el Tema 2.6) establecieron todas las construcciones fundamentales que son posibles en el espacio plano usando una regla y un compás. Toda la geometría euclidiana puede reducirse pues a construcciones basadas en estos **axiomas** fundamentales.

Pero, como ya hemos visto, los axiomas de Euclides no son tanto verdades fundamentales como restricciones fundamentales: el quinto axioma puede variar para producir nuevas geometrías. La geometría esférica y la hiperbólica se basan en los mismos cuatro primeros axiomas, pero el quinto es diferente.

Esto ilustra las cualidades de un **sistema axiomático** útil. Pueden aceptarse los axiomas sin prueba ni demostración. Ningún axioma puede derivarse de cualquier combinación de los otros. Tienen que ser congruentes y no contradecirse entre sí. También tienen que ser el menor conjunto posible, pero al mismo tiempo generar un sistema matemáticamente interesante.

Es necesario un sistema axiomático de este tipo, porque permite emplear las reglas de la lógica para probar resultados que se sabe que serán verdad para objetos del sistema. Excluye supuestos ocultos y lagunas en los argumentos.

Los axiomas también revelan propiedades clave de los objetos de un sistema.

Axiomas del origami

Los matemáticos han encontrado siete axiomas para describir las posibles construcciones de origami que se pueden hacer con dobleces rectos. Estos son incluso más poderosos que los axiomas de Euclides.

9.3 Axiomas de Peano

Para estudiar cómo funcionan los sistemas axiomáticos, piense en el ejemplo básico de los números naturales y su aritmética.

Suponga que es usted un extraterrestre, sin ningún concepto de los números naturales. Alguien le da las cuatro reglas siguientes:

- El 0 es un número natural.
- Todo número natural tiene un sucesor.
- Ningún número natural tiene al 0 como sucesor.
- Distintos números naturales tienen distintos sucesores.

Estos cuatro axiomas definen todos los números naturales: el 1 es el sucesor del 0; el 2 es el sucesor del 1, y así sucesivamente. También definen la operación de la suma: 7 + 2 significa «tome el número 7 y hágalo avanzar dos pasos en la lista de sucesores». A partir de la suma se obtiene la multiplicación (suma repetida). A continuación se pueden definir la resta y la división (hasta donde eso es posible con los números naturales), como suma y multiplicación que van hacia atrás. Así pues, estos axiomas son capaces de definir los números naturales y su aritmética.

Fue el matemático italiano Giuseppe Peano (1858-1932) quien formuló los axiomas en 1889. También incluyó un quinto: *Suponga que una propiedad es aplicable a 0, y suponga que puede demostrar que si esta propiedad puede aplicarse a cualquier otro número natural, entonces también es aplicable al sucesor de ese número. Por tanto, la propiedad es aplicable a todos los números naturales*. Este axioma permite demostrar cosas sobre todos los números naturales, a pesar de que existe un número infinito de ellos, mediante pruebas de inducción (*véase* el Tema 9.6).

6

Se pueden derivar muchos hechos sobre los números naturales y su aritmética a partir de los axiomas de Peano.

Los axiomas de Peano permiten que los extraterrestres que carecen del concepto de números naturales realicen sumas y demuestren cosas sobre los mismos.

9.4 Tablas de verdad

Bastan las tres simples palabras NO, O e Y para crear todo un sistema de lógica.

Si una proposición A es verdadera (por ejemplo, «quiero una taza de café»), entonces su negación NO A («no quiero una taza de café») es falsa. Al contrario, si A es falsa, entonces NO A es verdadera. Podemos resumir el efecto de la operación NO en una **tabla de verdad** (*véase* la Tabla 1, pág. 213).

Pueden combinarse dos proposiciones lógicas para obtener una tercera proposición compuesta. Si sabemos que una afirmación A es verdadera (como el deseo de tomar un café), entonces sabemos que A O B es verdadera, independientemente de lo que afirme la proposición B. Por ejemplo, la afirmación («quiero café») O («quiero pastel») siempre es verdadera si quiere café. El único modo en que una proposición O puede ser falsa es si ambas proposiciones componentes A y B son falsas (*véase* la Tabla 2, pág. 213).

La otra proposición compuesta utiliza el operador Y. Para que una proposición Y sea verdad, ambas proposiciones componentes A y B deben ser VERDADERAS (*véase* la Tabla 3, pág. 213).

Con estas tres sencillas operaciones —NO, Y y O— pueden construirse muchas más proposiciones complicadas y descubrir si son verdaderas o falsas con una tabla de verdad.

Los cómputos modernos se basan en esta lógica binaria, en la que toda proposición es o bien verdadera o bien falsa.

Tablas de verdad del café y el pastel

Tabla 1: NO

A	NO A
VERDADERA	FALSA
FALSA	VERDADERA

Tabla 2: O

A	B	A O B
VERDADERA	VERDADERA	VERDADERA
VERDADERA	FALSA	VERDADERA
FALSA	VERDADERA	VERDADERA
FALSA	FALSA	FALSA

Tabla 3: Y

A	B	A Y B
VERDADERA	VERDADERA	VERDADERA
VERDADERA	FALSA	FALSA
FALSA	VERDADERA	FALSA
FALSA	FALSA	FALSA

Las tablas de verdad pueden revelar cuándo las proposiciones compuestas, como «quiero café» (A) O «quiero pastel» (B), son verdaderas o falsas. Así es más fácil organizar la pausa para el café.

9.5 Álgebra booleana

Dos matemáticos de siglos distintos crearon el lenguaje sobre el que se sustentan los ordenadores y nuestro mundo digital.

En 1854, George Boole (1815-1864) dio el magnífico salto de pasar de escribir la lógica mediante proposiciones y operadores como Y, O y NO (*véase* el Tema 9.4) a un nuevo tipo de álgebra. Las variables de esta **álgebra booleana** tienen el valor de 0 si son falsas y de 1 si son verdaderas: O se escribe con un nuevo tipo de suma:

las reglas son $0 + 0 = 0$, $0 + 1 = 1 + 0 = 1 + 1 = 1$.

Y se escribe con un tipo de multiplicación:

$0 \times 0 = 1 \times 0 = 0 \times 1 = 0$, $1 \times 1 = 1$.

NO cambia el valor de la variable: si $P = 1$, entontes NO P, escrito P', es igual a 0, y viceversa. Reescribir estas operaciones lógicas como álgebra permite proposiciones muy complicadas que pueden resolverse en unas pocas líneas y que de otro modo resultarían tediosas de manipular mediante tablas de verdad múltiples.

Claude Shannon (1916-2001) dio el siguiente gran salto en la década de 1930. Se dio cuenta de que los complicados circuitos utilizados en las centralitas telefónicas eran como la encarnación física del álgebra de Boole. Los circuitos podían asumir dos valores: cerrados (con un valor de 1) o abiertos (con un valor de 0). Las disposiciones de conmutadores funcionaban del mismo modo que los operadores O, Y y NO de suma, multiplicación y negación del álgebra booleana.

Shannon se dio cuenta de que toda información puede representarse con una serie de «bits», dígitos con un valor de 0 o 1.

Simplificación de circuitos

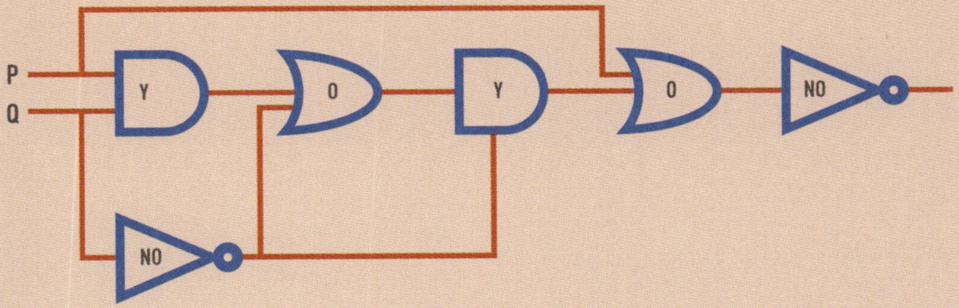

$$((P \times Q + Q') \times Q' + P)'$$

$$Q \times P'$$

El álgebra booleana puede emplearse para demostrar que el complicado circuito, correspondiente a la expresión $([P \times Q + Q'] \times Q' + P)'$, puede simplificarse hasta llegar al circuito más simple expresado como $Q \times P'$.

9.6 Prueba por inducción

¿Cómo demostramos que algo es verdadero para todos los números naturales, aunque exista una cantidad infinita de ellos?

Piense en una **prueba por inducción** como una hilera de fichas de dominó a punto de caerse. Suponga que quiere demostrar que la suma de los números naturales de 1 a n es igual a $\frac{n(n+1)}{2}$.

Podemos ver que esto es cierto para la primera ficha: cuando $n = 1$, la suma es solo 1, y el valor de:

$$\frac{n(n+1)}{2} = 1 \times \frac{(1+1)}{2} = 1.$$

Una vez haya establecido la verdad de la primera proposición al principio de los números naturales, tendrá que alinear las fichas. Una ficha puede hacer caer la siguiente, porque si la proposición es verdadera para algunos números, n también implica que lo es para $n + 1$. Para nuestro ejemplo, asumir que la proposición es verdadera para n nos da:

$$(1 + \ldots + n) + (n+1) = \left(\frac{n(n+1)}{2}\right) + (n+1).$$

Simplemente podemos reordenarlo para demostrar que la proposición es verdadera para $n + 1$:

$$1 + \ldots + n + n + 1 = \frac{(n+1)(n+2)}{2}$$

Si el hecho de que la proposición sea verdadera para la ficha n significa que también lo es para la ficha $(n + 1)$, entonces sabe que si hace caer la primera ficha, cada una de ellas hará caer a su sucesora, demostrando que es verdadera para todos los números naturales.

El antiguo filósofo griego Platón se cuenta entre los primeros que utilizó la prueba por inducción en el año 370 a. C. en su diálogo *Parménides*.

La prueba por inducción se parece a una hilera de fichas de dómino colocadas de tal modo que una pueda hacer caer a la siguiente.

9.7 Prueba por contradicción

Si un supuesto dado implica una contradicción, entonces el propio supuesto tiene que ser falso.

Pongamos por ejemplo la prueba de que existen infinitos números primos. Empiece por asumir que lo opuesto es verdad: que existe un número finito de números primos. Entonces podemos ordenarlos y darles el nombre de p_1, p_2, p_3, y así hasta llegar al (supuesto) primo más grande, p_n. Considere ahora el número E que obtiene al multiplicar todos esos números primos y añadiéndole 1:

$$E = p_1 \times p_2 \times p_3 \times . . . \times p_n + 1.$$

El número *E* es más grande que todos los números primos de nuestra lista, y como la lista incluye todos los primos que existen, esto significa que *E* no puede ser un número primo. No obstante, como sabemos por el teorema fundamental de la aritmética (*véase* el Tema 1.5), *E* puede expresarse como **producto** de números primos. Esto significa que cada factor primo de *E* también tendría que ser uno de los números primos de nuestra lista, porque esta incluye todos los números primos que existen. No obstante, con arreglo a la fórmula anterior, vemos que dividir *E* entre cualquiera de los números primos de la lista deja un resto de 1. Así pues, nuestra lista no contiene todos los números primos. Esto es una contradicción.

Nuestro supuesto de que solo existe un número finito de números primos tiene pues que ser falso. En consecuencia, los números primos son infinitos.

El antiguo matemático griego Euclides formuló esta prueba en torno al año 300 a. C.

Principio del tercero excluido

La prueba por contradicción (también conocida como *reductio ad absurdum*) depende de la ley del tercero excluido (*véase* el Tema 9.1), que sostiene que si algo es falso, su opuesto tiene que ser verdadero.

9.8 Pruebas por ordenador

¿Sigue siendo válida una prueba matemática si está en el cerebro de un ordenador en lugar del de un ser humano?

Durante milenios se ha considerado que la prueba matemática es algo que se puede derivar mediante una serie de pasos lógicos a partir de los axiomas que definen el sistema que se está examinando. Esto puede producir pruebas de un largo considerable (como la **clasificación de grupos simples finitos** del Tema 7.10 y la prueba de Andrew Wiles del último teorema de Fermat, Tema 3.10), pero, en teoría, una persona era capaz de entender la prueba desde el principio hasta el final.

En 1976 se puso en jaque este concepto de prueba cuando Kenneth Appel (1932-2013) y Wolfgang Haken (nacido en 1928) demostraron el teorema de los cuatro colores (que cualquier mapa plano puede representarse en solo cuatro colores de modo que ningún país adyacente sea del mismo color). La parte tradicional de su prueba reducía el problema a un gran número de casos especiales, pero después dependía de la fuerza bruta de un ordenador para comprobar cada uno de ellos. Muchos matemáticos de la época sostuvieron que eso no constituía una prueba. Aunque podían comprobar todos los pasos del programa de ordenador, ningún ser humano podía comprobar cada uno de los cálculos, de otro modo no hubieran necesitado el ordenador en primera instancia.

Los matemáticos ya no pueden ignorar las pruebas por ordenador, puesto que se han descubierto pruebas para otros resultados matemáticos importantes que también dependen de los ordenadores.

Las pruebas por ordenador se tratan de modo similar a los experimentos: se aceptan si son verificadas y sus resultados se pueden replicar.

En 1998, Thomas Hales demostró mediante un ordenador la conjetura de Kepler de 1609 de que el método del tendero de apilar las naranjas es el más eficaz.

9.9 La incompletitud de Gödel

En matemáticas todo es verdadero o falso... ¿o no?

A lo largo de todos los tiempos, las matemáticas siempre han sido una mescolanza de varias disciplinas: geometría, álgebra, cálculo, etc. Por este motivo, a principios del siglo XX los matemáticos decidieron que convenía hacer limpieza. Su objetivo era basar todas las matemáticas en un conjunto de axiomas definitivo y demostrar que no existen contradicciones.

Pero en la década de 1930, el matemático austriaco Kurt Gödel (1906-1978) arrojó una bomba que acabó con este sueño axiomático. Suponga que dispone de un sistema axiomático formal que contiene los números naturales y su aritmética. Entonces —así lo demostró Gödel— siempre existirán proposiciones sobre esos números que podrá **formular** dentro de su sistema, pero no podrá probar que sean verdaderas o falsas a partir de sus axiomas.

Si se encuentra con una **proposición indecidible** en un sistema formal, que cree que debería ser verdadera, por supuesto puede decretar que es verdadera y añadir el decreto a sus axiomas. Pero los **teoremas de incompletitud de Gödel** implican que esto puede o bien causar una contradicción o bien que quedarán otras proposiciones indecidibles. No importa el modo ingenioso en que escoja sus axiomas, siempre habrá proposiciones indecidibles. Adiós a la bonita idea de una verdad matemática definitiva.

Las proposiciones indecidibles que han encontrado los matemáticos no afectan a las matemáticas del día a día.

Kurt Gödel era buen amigo de Albert Einstein. Con el tiempo trabajó con la teoría de la relatividad de Einstein y demostró que, en teoría, podrían existir universos en los cuales es posible viajar al pasado.

9.10 ¿Qué axiomas?

Si todo conjunto de axiomas produce proposiciones indecidibles, ¿en qué conjunto de axiomas deberían basarse las matemáticas?

Una buena pregunta. A principios del siglo XX los matemáticos, en especial el erudito británico Bertrand Russell (1872-1970), se dieron cuenta de que todos los objetos matemáticos pueden describirse como agrupaciones de «cosas»: estas agrupaciones se llaman conjuntos. Por lo tanto intentaron describir los axiomas de las matemáticas en términos de una **teoría de conjuntos**. Se trató de un esfuerzo monumental que por fin culminó en la obra en tres volúmenes de Russell *Principia Mathematica*, escrita conjuntamente con Alfred North Whitehead (1861-1947) y publicada entre 1910 y 1913. La maquinaria desarrollada en *Principia* es tan engorrosa que no puede demostrarse que 1 + 1 = 2 hasta bien entrado el segundo volumen. Russell y Whitehead comentaron sobre este resultado en particular que «en ocasiones la anterior proposición resulta útil».

El sistema de Russell y Whitehead fue desbancado por otro basado en los axiomas ZFC, por Ernst Zermelo (1871-1953) y Abraham Fraenkel (1891-1965), y por el **axioma de elección**. Los matemáticos que se interesan por los fundamentos de las matemáticas parecen estar de acuerdo en que los axiomas ZFC son el camino a seguir. Por supuesto, debido al resultado de Gödel (*véase* el Tema 9.9), hay proposiciones indecidibles en el sistema ZFC, pero los matemáticos están ocupados buscando axiomas adicionales para resolver las que creen más urgentes.

La mayoría de los matemáticos profesionales no se interesan por estos problemas fundacionales, o tal vez solo los domingos.

No se pueden evitar las proposiciones indecidibles; es como un puzle gigantesco que nunca acaba de encajar del todo. Al final se tiene que desarrollar un sistema axiomático propio.

INFINITO

10

En un principio, el infinito puede parecer algo incomprensible, pero esto nunca ha detenido a los matemáticos. Lo han estado explorando durante milenios, encontrando formas concretas de entender y tratar con este inaprensible concepto matemático.

De hecho, existen muchos tipos diferentes de infinito. Los filósofos distinguen entre un infinito potencial –el destino de un proceso que nunca se alcanzará, como el número de contar más grande en el que se pueda pensar– y los infinitos llamados actuales, que podrían existir en el mundo real. Por lo general, una predicción de infinito en una teoría que describa el mundo real indica el punto en el que esa teoría se rompe. Pero hay lugares, como los agujeros negros, donde algunos científicos creen que el infinito puede existir en la naturaleza. Tal vez el único lugar donde veremos una representación física del infinito sean las imágenes de los fractales, repetidas hasta el infinito.

Los matemáticos también tienen preguntas más concretas. Por ejemplo, ¿cómo es de grande el infinito? En este capítulo descubriremos una forma ingeniosa de emparejar los elementos de conjuntos infinitos para comparar el tamaño de un infinito con otro. Veremos cómo este argumento, curiosamente sencillo, demuestra que dos infinitos con los que estamos muy familiarizados —los números de contar y los números reales— son de distinto tamaño.

Uno de los grandes desafíos de las matemáticas, conocido como la hipótesis del continuo, plantea la cuestión de si existen infinitos de distinto tamaño entre los números de contar y los números reales. No existe una respuesta posible dentro de nuestro marco actual de las matemáticas; tendremos que esperar a tener una comprensión más profunda para poder darle respuesta.

Contenido

10.1 Infinito potencial e infinito actual

El matemático y filósofo griego Aristóteles distinguía entre dos tipos de infinito: el potencial y el actual.

Todos tenemos una comprensión intuitiva de lo que es el infinito: es algo que se asocia con cosas que nunca terminan. Un ejemplo es el universo en expansión continua. No importa cuánto tiempo viajara por él, jamás llegaría a su límite. Otro ejemplo es la serie interminable de números naturales 1, 2, 3, 4, etc. Puede seguir contando para siempre, pero nunca terminará. En estos ejemplos no se encuentra el infinito, más bien es algo que acecha al final de algo que nunca acaba. Este tipo de infinito se denomina **infinito potencial**.

Cada cosa que compone un infinito potencial, por ejemplo cada número o cada punto del espacio, es en sí misma finita. Aristóteles lo expresó con elegantes palabras en su obra *Física*:

«Porque en general el infinito tiene este modo de existir: siempre se toma una cosa tras otra, y cada cosa que se toma es siempre finita, pero siempre diferente».

Por el contrario, un **infinito actual** (también llamado real o completo) es uno que, si existe, sí se puede encontrar. Por ejemplo, si el valor de algo, pongamos que la densidad de la materia en el interior de un agujero negro, se hiciera infinita en un punto particular del espacio y del tiempo, entonces eso constituiría un infinito actual.

Aristóteles creía que los infinitos actuales no podían existir en la naturaleza.

Resulta tentador imaginar el universo como un infinito potencial, que se expande de forma infinita en todas direcciones. Sin embargo, los físicos no están seguros de que esto sea así, ni de que el universo sea en realidad finito.

10.2 El infinito en la naturaleza

Es justo decir que ningún ser humano ha visto jamás el infinito pero, ¿podría realmente existir?

Los científicos suelen asumir que es problemático realizar alguna predicción sobre un valor real de infinito en la naturaleza con los modelos matemáticos que tienen a su disposición. Tal vez el modelo sea demasiado simple y el infinito desaparecerá si incluyen más información. O tal vez la teoría ya no es aplicable en el punto en que se predice el infinito.

A pesar de ello, existen algunas predicciones sobre el **infinito en la naturaleza** que parecen plausibles en opinión de algunos científicos. Por ejemplo, en cosmología, la teoría sugiere que el universo se inició con el Big Bang, cuando el universo era infinitamente denso, infinitamente pequeño e infinitamente caliente. Las teorías también postulan los agujeros negros. Estos todavía deberían existir hoy día, y efectivamente se cree que hay uno en el centro de casi toda galaxia. Se piensa que los agujeros negros poseen una densidad infinita y una fuerza gravitatoria infinita en su centro.

Pero, ¿qué aspecto tiene el infinito, si es que existe? Está claro que jamás sabremos qué aspecto tiene el infinito del interior de un agujero negro porque el horizonte —la zona del espacio alrededor del agujero negro que señala el punto en el que nada, incluyendo la luz o la información, puede escapar de su atracción gravitatoria— actúa como un escudo para nuestras observaciones.

«El tiempo pasado es finito, el tiempo futuro es infinito». (Edward Hubble, la primera persona que observó la expansión del universo, 1937).

Aunque muchos científicos se toman las predicciones sobre el infinito con cierto grado de escepticismo, otros creen que existen infinitos físicos reales y que estos desempeñan un papel importante en la estructura del universo.

10.3 Fractales

Los fractales son estructuras autosimilares que muestran la misma complejidad sin importar lo cerca que se observen. Muchos de ellos se derivan de procesos simples pero infinitos.

Tome un cuadrado y divídalo en nueve cuadrados más pequeños. Retire el del centro, quedándose con ocho cuadrados. Divida cada uno de ellos en nueve cuadrados más pequeños y de nuevo retire el de la parte central, con lo que obtendrá 8 x 8 = 64 cuadrados. Repita el proceso con cada uno de ellos y continúe, hasta el infinito. En cada paso divida el cuadrado en nueve más pequeños y retire el del centro.

Cuando haya terminado (por supuesto nunca terminará, pero use su imaginación), lo que quedará será una forma extraña, llamémosle *X*, que es **autosimilar**: mantiene el mismo aspecto no importa cuán de cerca la observe. Esto se debe a que se aplica el mismo procedimiento infinito (de retirar cuadrados) a cualquier cuadrado con el que se encuentre durante su construcción.

La forma *X* está tan llena de agujeros que no contiene ningún área. Puesto que no cubre ningún área, no se puede decir que *X* sea bidimensional. Por otro lado, *X* es mucho más que una recta o una curva unidimensional. Los matemáticos se han puesto de acuerdo en definir la dimensión de este tipo de extraños objetos, y conforme a esta nueva definición, nuestra forma *X* tiene una dimensión de 1,8928.

El fractal se define por el hecho de que su dimensión no es un número entero, sino que está compuesta por fracciones.

Alfombra de Sierpiński

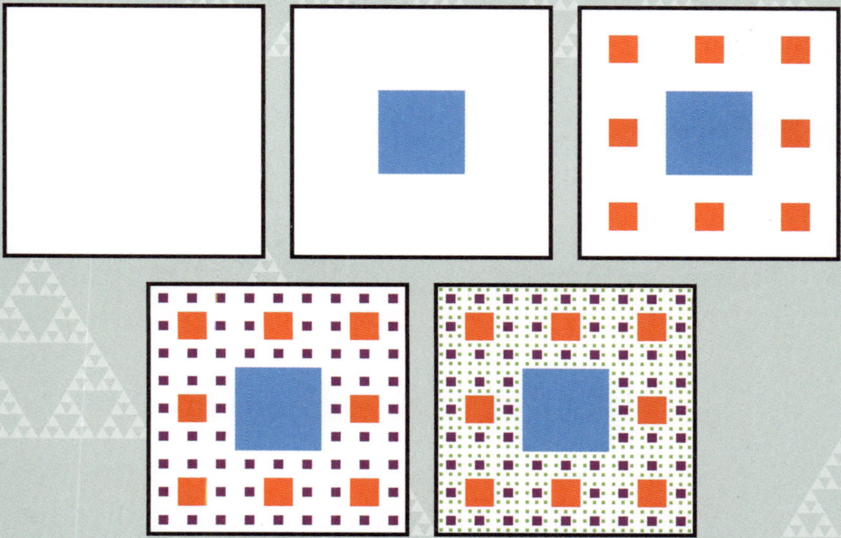

Primeros pasos de la forma *X*, llamados alfombra de Sierpiński por Waclaw Sierpiński, que la describió por primera vez en 1916. El fractal que hay en segundo plano se produce de modo similar, pero empezando con un triángulo en lugar de un cuadrado.

10.4 Cardinalidad

Es posible comparar los «tamaños» de dos conjuntos de cosas intentando ver si pueden emparejarse de manera exacta los objetos que los componen.

Imagínese una habitación llena de gente y de sillas. Si cada persona se sienta en una silla y no queda ninguna vacía, entonces sabrá que hay tantas sillas como personas.

Los matemáticos aplican la misma idea a los infinitos conjuntos de cosas, por ejemplo un grupo infinito de sillas y un grupo infinito de personas. Si existe una manera de emparejar cada objeto de un conjunto con exactamente el mismo objeto en el otro conjunto, para que no quede ninguno desemparejado en ninguno de ellos, entonces se dice que ambos conjuntos tienen el mismo «tamaño» o **cardinalidad**. Esto tiene sentido, pero puede conducir a extraños resultados. Dese cuenta de que puede emparejar los números impares con los números naturales:

2 se empareja con 1 porque es el primer número par,
4 se empareja con 2 porque es el segundo número par,
6 se empareja con 3 porque es el tercer número par,

y así sucesivamente. Según nuestra definición anterior, esto significa que el conjunto de números pares posee la misma cardinalidad que el conjunto de todos los números naturales positivos, ¡aun cuando se podría pensar que solo hay la mitad! Es un resultado extraño, pero los matemáticos han llegado a aceptarlo.

Galileo Galilei dejó de pensar en el infinito cuando se desanimó al encontrarse con este tipo de resultados.

Un número infinito de personas en un número infinito de sillas. Los dos conjuntos infinitos pueden compararse en términos de tamaño y poseen la misma cardinalidad.

10.5 Infinito numerable

¿Cómo se cuenta el infinito? Por supuesto, se utilizan los números naturales...

¿Intentó alguna vez de pequeño contar hasta el infinito? Aunque nadie ha logrado hacerlo jamás, no se trata de un empeño tan absurdo como en un principio pudiera suponer.

El infinito de todos los números naturales es el primero con el que la mayoría de nosotros nos encontramos. Aunque es un concepto difícil de considerar, por lo menos es un tipo de infinito agradable y ordenado. Poseemos un mapa claro para saber cómo llegar a él: se empieza con el 1, a continuación el 2, después el 3, después el 4, y así sucesivamente.

Esta capacidad de enumerar los números naturales de un modo tan bien ordenado y exhaustivo llevó al matemático alemán Georg Cantor (1845-1918) a llamar a este tipo de infinito un **infinito numerable o contable**. Y no solo son los números naturales los que forman un infinito numerable. Puede hacer lo mismo con los números pares (*véase* el Tema 10.4): primero el 2, a continuación el 4, después el 6, después el 8, y así sucesivamente. Los números impares pueden enumerarse de un modo similar (el número n de la lista es $2n - 1$). De hecho, si pueden enumerarse los miembros de un conjunto infinito de esta manera, también los puede emparejar con los números naturales: el primer número de la lista se empareja con el 1, el segundo número con el 2, etc. Este conjunto tendrá el mismo «tamaño», o cardinalidad, que los números naturales y, por lo tanto, también es un infinito numerable.

El infinito numerable de los números naturales es el infinito más pequeño.

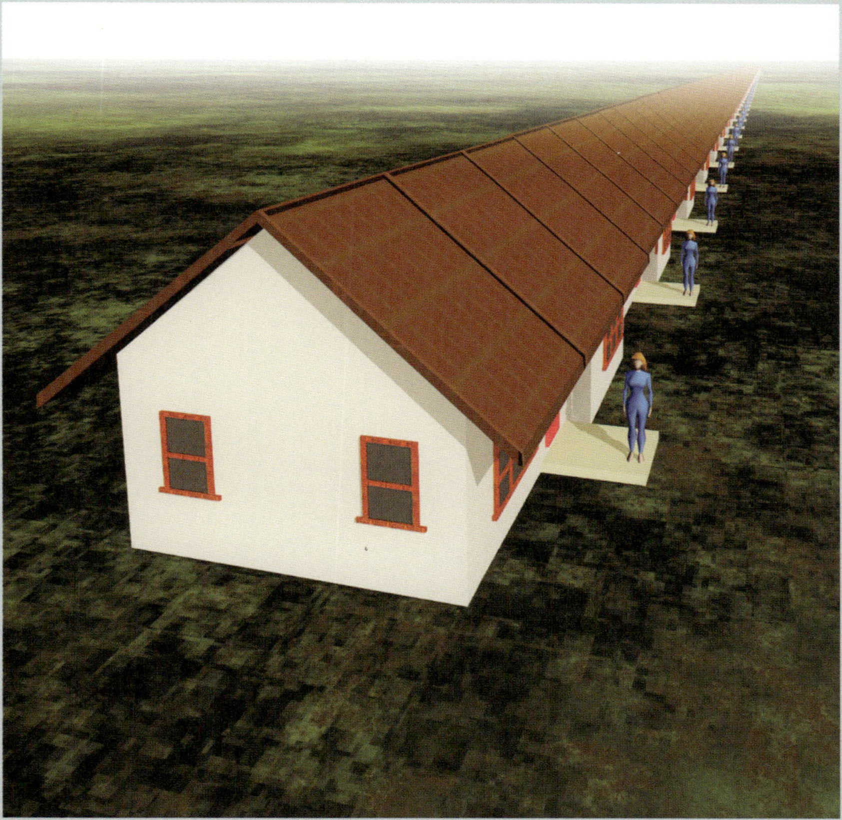

El hotel infinito de Hilbert es un experimento en el que cualquier número finito, *n*, de nuevos huéspedes se pueden alojar haciendo que todos avancen *n* habitaciones. Esto permite acomodar infinitos numerables de nuevos huéspedes.

10.6 Números racionales e infinito

Los conjuntos que, en un principio, parecen más grandes o más pequeños que los números naturales, también pueden ser infinitos numerables.

Una de las cosas extrañas del infinito numerable es que los conjuntos que parecen de forma evidente más pequeños que los números naturales, de hecho tienen el mismo «tamaño» o cardinalidad. Por ejemplo, el orden en el que enumera los números pares enseguida le da un emparejamiento con los números naturales (*véase* el Tema 10.4).

También puede escribir una lista completa de los números racionales, es decir, fracciones *p*/*q* donde *p* y *q* son números naturales. A simple vista esto puede parecer imposible. Existen infinitas fracciones solo entre los números naturales 1 y 2: 1/2, 1/4, 1/8, 1/16, etc. Pero hay una forma ingeniosa de contarlas que demuestra que los números racionales también son un infinito numerable.

Para ello, anote los números racionales en una cuadrícula, siendo el número de la fila i, columna *j*, *i*/*j*. Esta cuadrícula contiene todos los números racionales, incluyendo numerosas repeticiones, como 1/1 = 2/2 = 3/3, etc. A continuación puede enumerar los números racionales siguiendo la diagonal serpenteante de la página 241. Existen algunas repeticiones en la lista, pero se puede eliminar cualquier número que ya se haya representado antes. Lo que queda es un emparejamiento de los números naturales con los racionales y, por lo tanto, los números racionales también son numerables.

El matemático alemán Georg Cantor fue el primero que demostró esta teoría en la década de 1870.

Cómo trabajar con números racionales

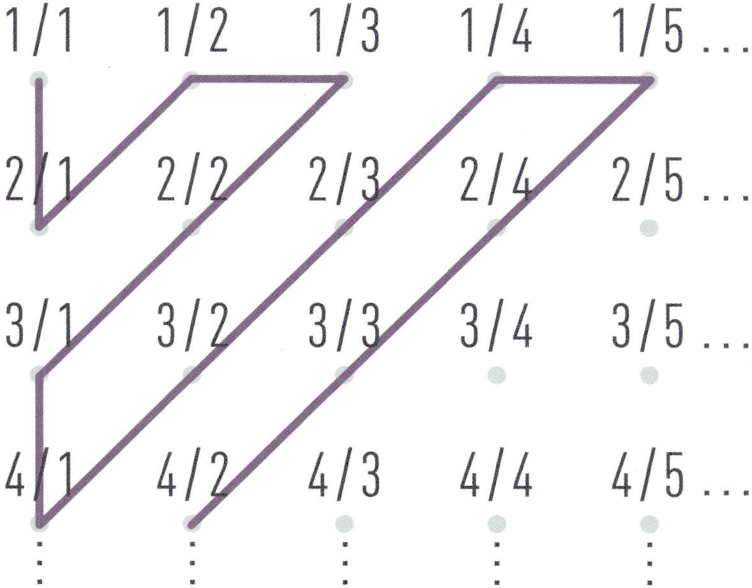

Con esta cuadrícula es posible escribir una lista exhaustiva y ordenada de los números racionales.

10.7 Infinito no numerable

Existe un infinito que es «más grande» que el de los números naturales. Representado por los números reales, se denomina infinito no numerable.

Los números reales son todos los que se encuentran en una línea numérica, incluyendo números naturales, negativos, racionales e irracionales. Si se puede imaginar una regla de un largo infinito, entonces todos los puntos de la misma le darán un número real y cada número real le dará un punto de la regla.

Los números naturales forman un conjunto de puntos discretos en nuestra regla infinita, separados por una distancia de 1. Esto sugiere que el infinito de los números reales es «más grande» que el infinito de los naturales: los números naturales tienen idénticas brechas entre ellos, mientras que los números reales consiguen rellenar esas brechas. Forman un **continuo**.

Pues bien, esta intuición es correcta. No puede hacerse una lista de los números reales que los emparejan, uno por uno, con los números naturales. Como descubrirá en el siguiente tema, a una lista así le faltaría como mínimo un número real. Esto significa que el conjunto de números reales posee una cardinalidad mayor que el conjunto de números naturales. El infinito de los números reales se llama **infinito no numerable**.

Todo conjunto infinito incapaz de estar en correspondencia 1:1 con los números naturales se llama «no numerable».

Incluso los números reales que hay entre 0 y 1 son un infinito no numerable.

Infinitos dentro de infinitos

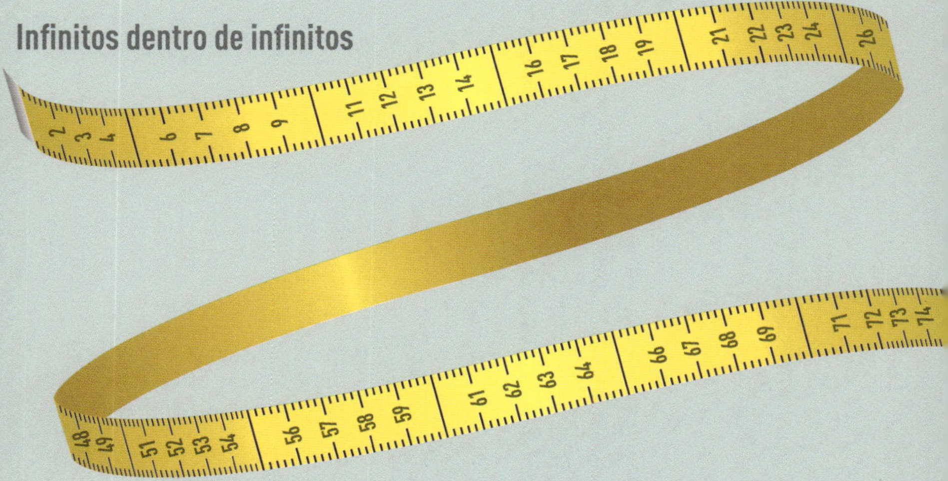

Esta cinta métrica también comprende todos los números irracionales, incluyendo:

$$\sqrt{2} = 1{,}414213562373095...$$

$$e = 2{,}718281828459045...$$

$$\pi = 3{,}141592653589793...$$

Los números reales, representados por esta cinta métrica, incluyen todos los números representados por los símbolos habituales como 1, 2 y 3 y algunos números intermedios como 1, 4, 2, 8, 3, 2, etc. Escondidos entre estos símbolos se encuentran los números irracionales, incluyendo $\sqrt{2}$, e y π.

10.8 Números reales e infinito

Mediante una prueba por contradicción es posible demostrar que los números reales no son numerables.

Empecemos por asumir que los **números reales** son numerables, es decir, que pueden estar en correspondencia de 1:1 con los números naturales. Esto significaría que podemos hacer una lista de todos los números reales. Por ejemplo, la lista podría empezar así: 0,23456...; 3,67896...; –6,65434...; 0,8566..., y así sucesivamente, donde los puntos suspensivos indican que la expansión decimal puede continuar, posiblemente para siempre. Por supuesto, nuestra lista será infinita. (También debe tener en cuenta las ambigüedades, por ejemplo, que 0,999... = 1, pero eso es fácil de hacer).

Escriba ahora un nuevo número empezando con un 0, seguido por la coma decimal, seguido por el *primer* dígito después de la coma decimal del primer número, seguido por el *segundo* dígito después de la coma decimal del segundo número, y así sucesivamente: 0,2746... en nuestro ejemplo. Ahora aumente cada dígito por 1 (o escriba un 0 si el dígito es 9): en nuestro ejemplo, esto da 0,3857...

Este número es diferente del primer número de la lista, porque difiere en el primer dígito después de la coma decimal. Es diferente del segundo número de la lista, porque difiere en el segundo dígito después de la coma decimal, y así sucesivamente. De hecho, es distinto a *todos* los números de nuestra lista, lo que significa que no está en la lista. Esto es una contradicción, porque antes hemos asumido que nuestra lista contenía todos los números reales. Por lo tanto, nuestro supuesto original es falso y los números reales no son numerables.

Esta prueba se conoce como el argumento de la diagonal de Cantor, llamada así por el matemático Georg Cantor.

Argumento de la diagonal de Cantor

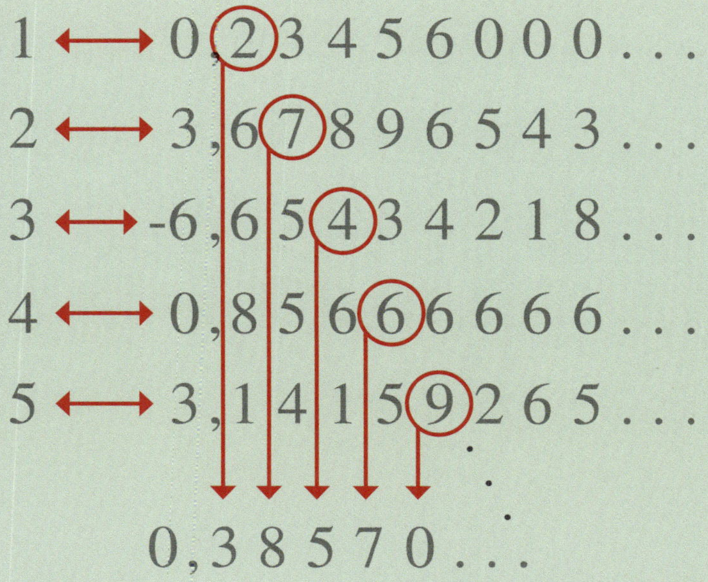

El argumento de la diagonal de Cantor presentó la prueba matemática de que existen ciertos números que no pueden estar en correspondencia de 1:1 con el conjunto infinito de números naturales.

10.9 Paraíso de Cantor

Georg Cantor reveló un número infinito de infinitos además del infinito numerable de los números naturales y del infinito no numerable de los números reales.

Un *conjunto* es una colección de objetos. Por ejemplo, los números 1, 2 y 3 forman un conjunto. El **subconjunto** de un conjunto es otra agrupación, posiblemente más pequeña, compuesta por (algunos de) los mismos objetos. Por ejemplo, los subconjuntos de nuestro conjunto *S* = {1, 2, 3} son {1}, {2}, {3}, {12}, {13}, {23}, {123} y el conjunto vacío, que no contiene nada. La serie de subconjuntos de un conjunto, *S*, forma a su vez un conjunto, denominado conjunto **potencia** de *S*.

¿Qué tamaño tiene el conjunto potencia de un conjunto? La cardinalidad o «tamaño» (*véase* el Tema 10.4) de un conjunto potencia de *S* es siempre 2 elevado a la potencia de la cardinalidad de *S*. Esto sirve para los conjuntos finitos, como el de nuestro ejemplo: la cardinalidad de S era 3, y la cardinalidad del conjunto potencia de *S* era $2^3 = 8$.

Esto también se aplica a los conjuntos infinitos. Por ejemplo, la cardinalidad del conjunto potencia de los números naturales es 2 , donde $\aleph_0$ es la cardinalidad de los números naturales ($\aleph$ es la letra hebrea álef). Cantor demostró que nunca se pueden emparejar los miembros de un conjunto *S* con los miembros de su conjunto potencia: la cardinalidad del conjunto potencia siempre es estrictamente «más grande».

Los números reales poseen la misma cardinalidad que el conjunto potencia de los números naturales.

De este modo, Cantor reveló un número infinito de infinitos. Si se empieza con el conjunto de números naturales, y se van tomando a continuación conjuntos potencia, el resultado es una lista infinita de conjuntos infinitos, cada uno de ellos con una cardinalidad superior a la del anterior.

Conjuntos potencia

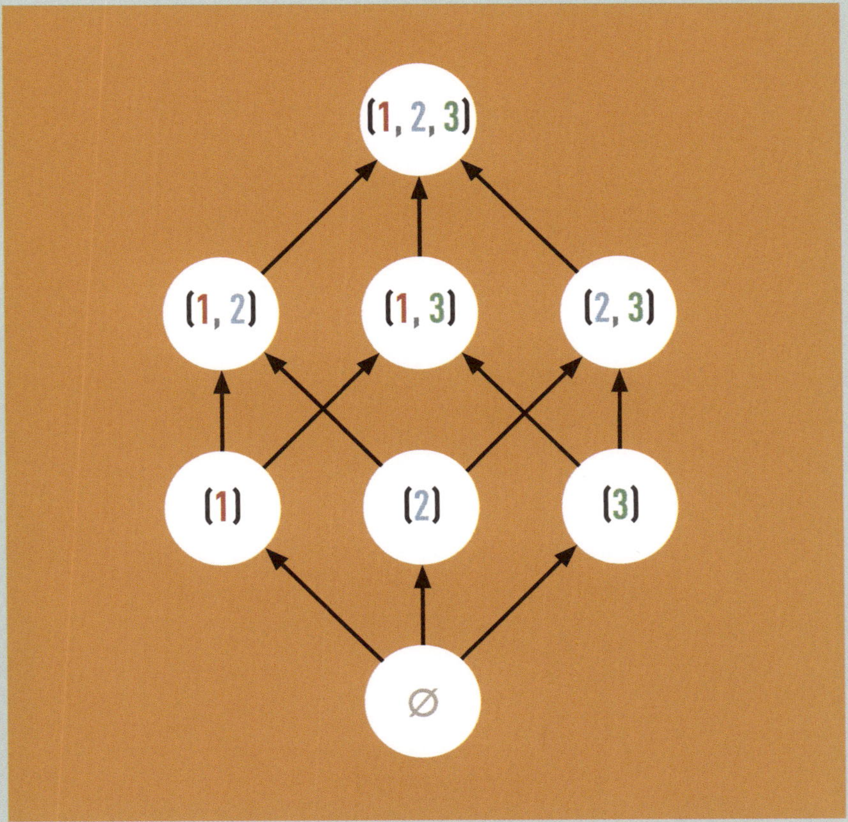

Cantor desarrolló una aritmética para estos números infinitos. Aunque muchos matemáticos quedaron horrorizados por su trabajo, David Hilbert dijo: «Nadie nos expulsará del paraíso que Cantor ha creado».

10.10 Hipótesis del continuo

Sabemos que la cardinalidad de los números naturales es estrictamente más pequeña que la de los números reales, pero ¿existe algún otro infinito entre estos dos?

En la década de 1870, Cantor reveló que existía una jerarquía de infinitos. El primero y más pequeño es $\aleph_0$, la cardinalidad de los números naturales.

El siguiente que conocemos es la cardinalidad de los números reales: $2^{\aleph_0}$. Lo que todavía no se sabe es si existen infinitos entre estos dos.

La **hipótesis del continuo** (así llamada porque los números reales también se conocen como el «continuo») afirma que no existen: el siguiente infinito más grande después de la cardinalidad de los números naturales es el de los números reales.

Una forma más concreta de pensar en ello es preguntarse si existe un subconjunto de números reales con una cardinalidad entre $\aleph_0$ y $2^{\aleph}$.

La cuestión sigue sin tener respuesta. Además, ahora se sabe que no puede responderse con los axiomas matemáticos actualmente en uso (*véase* el Tema 9.10). Esto molesta a algunos matemáticos, que creen que se trata de una cuestión importante y que deberíamos ser capaces de encontrar la respuesta. Sigue abierto el camino para ir en busca de un nuevo axioma que pueda dar una solución a la hipótesis del continuo.

La obra de Cantor fue la base para la rama matemática de la teoría de conjuntos, que sigue evolucionando hoy día.

A diferencia de otros casos de problemas famosos, como el último teorema de Fermat, de la hipótesis del continuo solo se podrá demostrar o probar que es falsa tras realizar profundos cambios en la base de las matemáticas.

Glosario

Autosimilaridad
Propiedad de los objetos en la que el objeto entero es similar o idéntico a una de sus partes, así que el objeto muestra las mismas propiedades en muchas escalas distintas.

Axioma
Proposición matemática que puede aceptarse sin ningún género de duda y que se usa como premisa para desarrollar argumentos matemáticos.

Cálculo
Rama de las matemáticas que se ocupa del cambio. El cálculo diferencial trata sobre las tasas de cambio (se expresa en la pendiente de una gráfica); el cálculo integral trata sobre la acumulación de cantidades relacionadas en situaciones cambiantes (se expresa en la parte inferior de una gráfica).

Caos
Tendencia de los sistemas dinámicos a ser impredecibles.

Conjunto
Colección de objetos tales como números o figuras geométricas. El examen de las propiedades abstractas de los conjuntos es uno de los conceptos más básicos de las matemáticas.

Constante
Cualquier número con un valor específico e invariable que aparezca en una ecuación matemática, o en las matemáticas en general.

Convergencia
Tendencia de los términos de una secuencia o serie matemática a acercarse a un único valor límite.

Coordenadas
Sistema de referencia que permite definir puntos únicos en el espacio: por ejemplo, puntos en el plano bidimensional o en el espacio tridimensional.

Demostración
Argumento lógico incuestionable que demuestra que una proposición es verdadera.

Divergencia
Tendencia de los términos de una secuencia matemática a acercarse al infinito.

Ecuación
Igualdad matemática equilibrada. En otras palabras, una relación en la que los términos de ambos lados —números, variables y constantes— son iguales unos a otros.

Exponente
Número escrito como superíndice después de otro número, que indica cuántas veces tiene que multiplicarse ese número por sí mismo.

Fractal
Forma que es aproximadamente autosimilar y cuya dimensión no es un número entero.

Límite
Valor hacia el cual converge una secuencia o una serie.

Número imaginario
Número múltiplo del número imaginario *i* (la raíz cuadrada de −1). El número *i* no puede encontrarse en la línea de números reales.

Número irracional
Número real que no puede expresarse como fracción.

Número natural
Uno de los números de contar: 1, 2, 3, etc.

Número primo
Número que solo es divisible por 1 y por sí mismo.

Número racional
Número que puede expresarse como fracción.

Número real
Número que representa un punto en un continuo que se extiende desde menos infinito hasta infinito.

Polígono
Forma dibujada en el plano y limitada por un número de líneas rectas.

Producto
Resultado de multiplicar dos o más números.

Proposición indecidible
En la lógica matemática, proposición que no se puede probar ni refutar a partir de los axiomas aceptados de un sistema.

Serie
Suma con una cantidad infinita de términos.

Serie armónica
Serie matemática en la que el enésimo término es $1/n$. La serie es divergente y guarda relación con los armónicos musicales.

Serie geométrica
Serie matemática en la que existe una relación común entre los términos sucesivos.

Simetría
Propiedad de los objetos (como las figuras geométricas) por la cual permanecen inalterables cuando se los somete a una transformación como rotación, reflexión o traslación.

Sistema de numeración posicional
Forma de escribir los números según la cual el valor de un símbolo depende de su posición.

Sistema dinámico
Sistema que cambia con el tiempo, por ejemplo, el tiempo meteorológico.

Solución general
Fórmula única que da la solución a una serie de ecuaciones del mismo tipo. Por ejemplo, la fórmula cuadrática da la solución a todas las ecuaciones de segundo grado.

Subconjunto
Conjunto cuyos miembros son miembros de otro conjunto.

Suma parcial
Suma de todos los términos de una serie matemática hasta llegar a un término en particular.

Variable (dependencia)
Elemento de una ecuación cuyo valor es o bien arbitrario o bien desconocido; por lo general, representado por una letra como x o y. Las variables pueden ser dependientes o independientes. El valor de las variables dependientes depende del valor de una o más del resto de las variables.

Índice analítico

Agradecimientos

Las autoras desean dar las gracias a todas las personas del Millenium Mathematics Project (mmp.maths.org) y de *Plus Magazine* (plus.maths.org) por permitirnos explorar las maravillas de las matemáticas durante los últimos 15 años.

Créditos de las imágenes

Quantum Books Limited desea dar las gracias a las siguientes personas y entidades por suministrar las imágenes de este libro:

7, 51 Jos Leys – www.josleys.com; 15 The Royal Belgian Institute of Natural Sciences, Brussels; 47 Charles Trevelyan; 63 DEA PICTURE LIBRARY; 71 Shyshell; 75 The Opte Project; 81 Adam Cunningham y John Ringland via Wikipedia; 87 Shutterstock/Hadrian; 93 Shutterstock/keko-ka; 105 Wikimedia Commons; 111 Shutterstock/images72; 113 Shutterstock; Robert Adrian Hillman; 119 Shutterstock/studiostoks; 125 Shutterstock/Yuganov Konstantin; 129 Shutterstock/isak55; 135 Shutterstock/IR Stone; 145 Eric Gaba (Sting) via Wikipedia; 149 Shutterstock/Dan Breckwoldt; 151 Adam Weyhaupt, Southern Illinois University Edwardsville; 159 Shutterstock/konmesa; 165 Shutterstock/Carlos Amarillo; 175 Wikimedia Commons; 183 Shutterstock/Chantal de Bruijne; 185 User:Dschwen. via Wikipedia; 187 Shutterstock/romvo; 189 Ve4cib via Wikipedia; 191 Michael G. Devereux; 193 Wikimedia Commons; 195 Wikimedia Commons; 201 Shutterstock/block23; 207 Wikimedia Commons; 209 Shutterstock/Mara008; 211 Shutterstock/Anna Bogatireawa; 217 Shutterstock/TijanaM; 221 Shutterstock/Alexei Novikov; 223 EMILIO SEGRE VISUAL ARCHIVES/AMERICAN INSTITUTE OF PHYSICS/SCIENCE PHOTO LIBRARY; 231 Shutterstock/Anton Jankovoy; 233 Shutterstock/Hallowedland; 237 Shutterstock/Ficus777.

Pese a los esfuerzos hechos por reconocer la participación de todos los colaboradores, Quantum Books Limited pide disculpas por los posibles errores u omisiones y se compromete a realizar las correcciones que corresponda en futuras ediciones del libro.